Lauren Kahal

Utilização da conetividade ecológica na natureza selvagem do deserto da Califórnia

Lauren Kahal

Utilização da conetividade ecológica na natureza selvagem do deserto da Califórnia

Um argumento para a incorporação da conetividade ecológica no planeamento da natureza selvagem do deserto da Califórnia

ScienciaScripts

Cover image: www.ingimage.com

This book is a translation from the original published under ISBN 978-3-659-86428-5.

Publisher:
Sciencia Scripts
is a trademark of
Dodo Books Indian Ocean Ltd. and OmniScriptum S.R.L publishing group

120 High Road, East Finchley, London, N2 9ED, United Kingdom
Str. Armeneasca 28/1, office 1, Chisinau MD-2012, Republic of Moldova, Europe
Managing Directors: Ieva Konstantinova, Victoria Ursu
info@omniscriptum.com

Printed at: see last page
ISBN: 978-620-8-52828-7

ÍNDICE DE CONTEÚDOS

RESUMO

O Wilderness Act de 1964 conferiu às agências federais de gestão de terras - o National Park Service, o United States Forest Service, o U.S Fish and Wildlife Service e o Bureau of Land Management - a autoridade para identificar, propor e gerir terras como zonas selvagens. A natureza selvagem, uma vez aprovada pelo Congresso para inclusão no Sistema Nacional de Preservação da Natureza Selvagem, é oferecida como a forma mais elevada de preservação de terras no país. No entanto, o processo de identificação de áreas selvagens utilizado pelas agências de execução baseia-se num estatuto com meio século de existência e com uma definição envelhecida de áreas selvagens. Embora as zonas selvagens designadas possam proteger as comunidades vegetais e selvagens dentro das suas fronteiras dos impactos antropogénicos diretos, as alterações climáticas e a fragmentação dos habitats ameaçam a capacidade de persistência destas populações a longo prazo. Para melhor preservar as comunidades de plantas e de animais selvagens nas zonas selvagens e, assim, preservar o carácter fundamental das próprias zonas selvagens, o processo de identificação das zonas selvagens deve ser alargado de modo a garantir que as novas áreas sejam selecionadas com base na sua importância ecológica, para além dos conceitos históricos instituídos pela Wilderness Act. Em particular, a necessidade de reformar o processo de designação de áreas selvagens é acentuada na região desértica da Califórnia, onde uma paisagem cada vez mais fragmentada e a procura de infra-estruturas de energias renováveis na região representam uma ameaça para os ecossistemas, tanto dentro como fora das fronteiras das áreas selvagens. Os planeadores da conservação estudaram os benefícios da conetividade ecológica em paisagens mais vastas e os sistemas de preservação bem ligados são mais bem sucedidos na manutenção da função dos ecossistemas, da persistência das espécies e da diversidade biológica e genética. A priorização da conetividade ecológica pelas agências federais de gestão de terras contribuiria para um Sistema Nacional de Preservação de Áreas Silvestres mais resiliente e para a proteção dos ecossistemas e da biodiversidade únicos existentes na região desértica da Califórnia.

Utilizing Ecological Connectivity in Californian Desert Wilderness Um argumento para a incorporação da conetividade ecológica no planeamento de áreas selvagens.

1 INTRODUÇÃO

"Para que as gerações futuras nos recordem com gratidão e não com desprezo, devemos

devemos deixar-lhes algo mais do que os milagres da tecnologia. Temos de lhes deixar um vislumbre do mundo como ele era no início" - Presidente Lyndon

Johnson, 1964

1.1 O Sistema Nacional de Preservação de Áreas Silvestres

Os Estados Unidos da América (EUA) contêm mais de 2 mil milhões de acres de terra, incluindo algumas das paisagens contíguas mais diversas da Terra e mais de 565 tipos de ecossistemas únicos (Wilderness Institute, et al., 2015; Dietz et al., 2015). No entanto, em menos de 500 anos, grande parte desta terra foi amplamente desenvolvida e despojada do seu estado natural, tornando as terras selvagens cada vez mais raras e mais difíceis de proteger (Wilderness Institute, et al., 2015). No entanto, o desenvolvimento acelerado e o aumento das viagens motorizadas ao longo das décadas de 1950 e 1960 também provocaram uma preocupação generalizada entre os cidadãos americanos com o potencial cada vez menor de as terras selvagens e livres permanecerem como tal (Wilderness Institute, et al., 2015). Este movimento de conservação foi alimentado por acontecimentos devastadores, como o represamento do vale de Hetch Hetchy no Parque Nacional de Yosemite, bem como por histórias de sucesso, como o abandono da barragem de Echo Park no Monumento Nacional dos Dinossauros. As protecções de terras federais existentes ao abrigo das autoridades do Serviço Nacional de Parques (NPS), do Serviço de Pesca e Vida Selvagem dos EUA (USFWS), do Serviço Florestal dos EUA (USFS) e do Gabinete de Gestão de Terras (BLM) proporcionavam valiosas actividades recreativas, proteção da vida selvagem, produção de madeira, pastagens e outras importantes funções económicas e ecológicas.

Mesmo estas áreas protegidas ainda não estavam livres da ameaça de desenvolvimento de infra-estruturas, e tornou-se evidente que era necessário um sistema de preservação mais restritivo.

A primeira versão do que viria a ser a Wilderness Act foi redigida em 1956 por Howard Zahniser, o antigo diretor executivo da Wilderness Society, em cooperação com a National Parks Association, o Sierra Club, a National Wildlife Federation e o Wildlife Management Institute (Jones, 2013). Nove anos de negociações e 65 projectos de lei falhados depois, a Wilderness Act foi sancionada pelo Presidente Lyndon Johnson (Jones, 2013). A Wilderness Act criou o Sistema Nacional de Preservação da Natureza Selvagem (NWPS), um conjunto de terras federais com garantias únicas, incluindo protecções contra novas estradas, extração de recursos não renováveis e outros desenvolvimentos. O primeiro conceito legal de natureza selvagem foi definido pelo Wilderness Act, que afirma:

"*Uma área selvagem, em contraste com as áreas onde o homem e as suas obras dominam a paisagem, é reconhecida como uma área onde a terra e a sua comunidade de vida não são dominadas pelo homem, onde o próprio homem é um visitante que não permanece. Uma área de natureza selvagem é ainda definida como uma área de terrenos federais não urbanizados que mantém o seu carácter e influência primitivos, sem melhoramentos permanentes ou habitação humana, que é protegida e gerida de forma a preservar as suas condições naturais e que:*

(1) *Em geral, parece ter sido afetado principalmente pelas forças da natureza, sendo a marca do trabalho do homem praticamente impercetível;*

(2) *tem excelentes oportunidades para a solidão ou para um tipo de recreio primitivo e não confinado;*

(3) *tenha pelo menos cinco mil acres de terra ou seja de dimensão suficiente para tornar viável a sua preservação e utilização num estado inalterado; e*

(4) *podem também conter caraterísticas ecológicas, geológicas ou outras de valor científico, educativo, paisagístico ou histórico*". (Wilderness Act, 1964)

O Wilderness Act designou imediatamente mais de 9,1 milhões de acres de terras sem estradas sob a gestão do USFS como áreas selvagens e forneceu diretrizes para que as quatro agências administradoras - o NPS, o USFWS, o USFS e o BLM - possam avaliar as terras para designação. A lei ordenou a estes organismos - a seguir designados coletivamente por "organismos responsáveis pelas zonas selvagens" ou "organismos administradores" - que iniciassem um estudo de décadas das suas terras para identificar novas zonas selvagens que se enquadrassem no projeto. Uma vez identificadas, todas as áreas selvagens propostas devem ser aprovadas pelo Congresso antes de receberem proteção.

O Wilderness Act impõe algumas das restrições de gestão mais restritivas encontradas na legislação ambiental existente. O NWPS é o nível mais elevado de conservação de terras federais nos EUA, proporcionando proteção contra empreendimentos comerciais, construção de estradas e equipamento motorizado. Assim, as áreas selvagens estão protegidas de perturbações antropogénicas, como o pastoreio, a exploração madeireira, a exploração mineira, a agricultura, os veículos motorizados todo-o-terreno, etc., com exceção de alguns direitos existentes e de outras disposições discutidas na Lei Wilderness. Não são permitidas estradas permanentes ou equipamento motorizado, exceto o mínimo necessário para as operações da agência, nas áreas selvagens (Wilderness Act, 1964). Este pormenor é muitas vezes referido como a "cláusula de exceção" da Wilderness Act, que foi deixada propositadamente vaga e aberta à interpretação das agências de administração e continua a ser um fator importante na forma como a lei é implementada atualmente.

Hoje, mais de 50 anos após o Wilderness Act, 765 áreas selvagens estão incluídas no NWPS (Dietz et al., 2015). Isto abrange mais de 109 milhões de acres - quase treze por cento - de terras federais[2] (Dietz et al., 2015; Wilderness Institute, et al., 2015). Das quatro agências administradoras, o NPS é responsável pela maior área, enquanto o USFS contém o maior número de áreas selvagens por unidade (Wilderness Institute, et al., 2015). A percentagem da área total do NWPS gerida por cada agência e a

2 Isto inclui terras selvagens no Alasca.

percentagem do total de áreas selvagens (unidades) dentro do NWPS geridas por cada agência estão representadas na Figura 1: NWPS por Agência. Embora o NWPS de facto proteja uma quantidade significativa de terra, o NWPS cobre apenas cerca de 2,7 por cento dos EUA contíguos, sub-representando a diversidade ecológica dos EUA como um todo (Wilderness Institute, et al., 2015; Dietz et al., 2015).

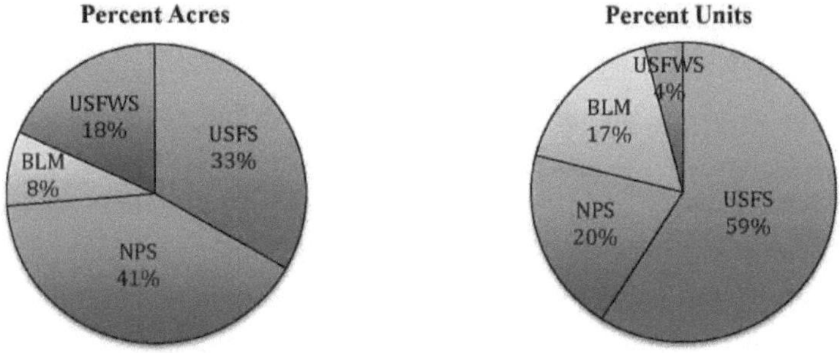

Fonte: Dietz et al., 2015; Wilderness Institute, et al., 2015

Figura 1: NWPS por agência

Por mais restritivo que seja o Wilderness Act, na prática, a sua aplicação varia muito. Isto deve-se, em parte, ao facto de existirem quatro agências de administração diferentes com autoridade para interpretar a lei como entenderem. Cada uma das agências de gestão da natureza selvagem tem histórias, missões e normas de governação individuais que contribuem para a variação significativa das estratégias de gestão utilizadas nas suas agências.

[11] Isto inclui as terras selvagens no Alasca. jurisdição. A cláusula de exceção da secção de utilizações proibidas da Wilderness Act afirma: "exceto quando necessário para cumprir os requisitos mínimos para a administração da área para efeitos da presente lei" (Wilderness Act, 1964). Esta cláusula é em grande parte responsável pela divergência nas práticas de gestão das terras selvagens entre os organismos que as administram, uma vez que dá aos organismos o poder de autorizar uma utilização que, de outro modo, seria proibida, se a considerarem necessária para cumprir os requisitos mínimos. Além disso, o Wilderness Act não definiu o conceito de estrada permanente, o que provocou opiniões divergentes de cada organismo sobre a utilização de estradas

de gestão em zonas selvagens. A própria definição de natureza selvagem, tal como definida na lei, fornece uma interpretação restrita da natureza selvagem que não é coerente com os conceitos modernos de conservação que dão prioridade à biodiversidade e à função ecológica. Para ajudar a preparar o terreno, o Capítulo 2 apresenta uma discussão mais aprofundada sobre cada agência de áreas selvagens e a sua identificação de áreas selvagens e abordagens de gestão.

1.2 Visão geral: A região do deserto californiano

O sudoeste dos EUA - Arizona, Califórnia, Colorado, Nevada, Novo México e Utah - contém uma miríade de condições topográficas e paisagísticas - montanhas, vales, planaltos, desfiladeiros e planícies - que afectam o clima da região. As flutuações naturais no clima da região de quase 700 000 milhas quadradas provocam períodos de seca, inundações, vagas de calor, vagas de frio, fortes nevões, ventos fortes, tempestades intensas e condições graves de qualidade do ar (Garfin et al., 2013). A região tem os climas áridos e semi-áridos mais extensos dos EUA, incluindo os desertos de Mojave e Sonora do Sul da Califórnia e do Arizona. Estes dois desertos contêm as áreas mais quentes e secas dos EUA e contêm uma extensa rede de áreas de reserva (Garfin et al., 2013). Os desertos de Mojave e de Sonora suportam uma grande diversidade de plantas e de vida selvagem, desde as comunidades de pinheiro-bravo (*Pinus quadrifolia*) e de arbusto de creosoto (*Larrea tridentate*) até às espécies ribeirinhas do deserto que se encontram nas zonas de lavagem do deserto. Embora os desertos de Mojave e de Sonora abranjam o sul da Califórnia, o Arizona e uma pequena parte do sul do Nevada, para efeitos do presente documento, apenas é considerada a parte californiana dos dois desertos. Esta região foi identificada como uma das áreas ecologicamente mais intactas do estado da Califórnia (Penrod et al., 2012).

O BLM é responsável pela maior parte das áreas selvagens na região desértica da Califórnia, embora o NPS e o USFS também gerem áreas selvagens na região. O deserto de Mojave contém uma grande área de terras conservadas em vários níveis de preservação; cerca de 80 por cento do deserto de Mojave é gerido pelo BLM. Menos de 20% da área do deserto de Mojave é propriedade privada e não está protegida; no entanto, a expansão urbana extensiva causou a perda e fragmentação do habitat com efeitos de grande alcance (Spencer et al., 2010). O Deserto de Sonora, que é geralmente a área terrestre a sul do Deserto de Mojave, também inclui uma elevada concentração de áreas com vários níveis de proteção (Spencer et al., 2010). Tal como no deserto de Mojave, o BLM é também o maior gestor de terras por acre no deserto de Sonora. As auto-estradas que dividem o deserto, as infra-estruturas de energias renováveis e outros factores de stress representam uma ameaça significativa para os ecossistemas e a vida selvagem da região. Apesar das populações humanas relativamente baixas encontradas nestas áreas, a expansão urbana, a utilização de veículos motorizados fora de estrada, o pastoreio e a exploração mineira causam impactos duradouros na vegetação do deserto e nas comunidades de vida selvagem.

Em particular, a invasão humana tem afetado as espécies ameaçadas e em perigo de extinção, listadas a nível estatal e federal, nestes desertos do sudoeste, como a tartaruga do deserto (*Gopherus agassizi*), o esquilo terrestre de Mohave (*Spermophilus mohavensis*) e a ovelha selvagem do deserto (*Ovis Canadensis nelsonii*) (Spencer et al., 2010).

Embora os desertos de Mojave e de Sonora contenham grandes concentrações de áreas intactas e protegidas, nem todas as protecções oferecem os mesmos benefícios que a natureza selvagem. O aumento da utilização recreativa e a procura crescente de infra-estruturas de energias renováveis na região, os objectivos de gestão de utilização múltipla das reservas não selvagens (ou seja, parques nacionais, terras BLM não selvagens, terras do Departamento de Defesa) não protegerão os ecossistemas desérticos frágeis e de recuperação lenta (Spencer et al., 2010). Como resultado da Lei de Energia e Poluição do Ar da Califórnia de 2015, a Califórnia deve aumentar a produção e venda de energia renovável para 50 por cento de toda a sua carteira de energia até 2030. A vasta escala de desenvolvimento de infra-estruturas de energias renováveis, que inclui centrais de energia eólica e solar e instalações de transmissão associadas, é suscetível de reduzir a conetividade do habitat disponível, alterar a função essencial do ecossistema e reduzir ou erradicar as oportunidades de as espécies alterarem as suas áreas de distribuição em resposta às alterações climáticas (Penrod et al., 2012). Os impactos resultam não só da construção deste tipo de infra-estruturas, mas também de estradas de manutenção permanente que marcam para sempre a paisagem e afectam negativamente o carácter selvagem das terras circundantes. Uma vez que o BLM - o maior gestor de terras na região desértica do sudoeste - enfrenta uma pressão crescente para aprovar projectos de infra-estruturas de energias renováveis, a necessidade de alargar as designações de zonas selvagens e as protecções legais da Wilderness Act a estas terras é tão grande como sempre. Além disso, o reforço das protecções nestas áreas para criar grandes áreas de natureza selvagem interligadas proporcionará uma abordagem mais resistente à preservação da natureza selvagem nestes desertos.

1.3 Objectivos da investigação

O presente documento explora a implementação passada e presente da Wilderness Act, centrando-se em grande medida no processo de designação pelas agências de áreas selvagens - em particular, o BLM. Embora o NWPS seja um instrumento de conservação proactivo que tem sido bem sucedido em preservar áreas que, de outro modo, teriam sido afectadas pela atividade humana e pelo desenvolvimento, a sua definição de natureza selvagem carece de um requisito firme de função ecológica em grande escala. A própria Lei da Natureza Selvagem contém uma abordagem ultrapassada à preservação, baseando-se numa definição que favorece áreas com "factores de espanto", tais como vegetação densa e dispersa ou geografia espetacular, mas estas áreas nem sempre contêm uma representação justa dos sistemas ecológicos ameaçados nos EUA (Dietz et al., 2015). Uma vez que o valor ecológico não é uma caraterística obrigatória de uma área selvagem, as agências administradoras atribuem uma importância variável aos valores ecológicos ou de biodiversidade ao recomendarem potenciais áreas selvagens nas suas terras. Reestruturar a abordagem das agências ao NWPS, incluindo critérios de designação com um componente ecológico obrigatório, poderia resultar num sistema de natureza selvagem mais resiliente e diversificado.

Um dos conceitos ecológicos mais importantes e algo recentes no planeamento da conservação é o da conetividade ecológica. Verificou-se que os sistemas preservados que incluem áreas maiores conectadas em toda a paisagem são melhores para manter a função do ecossistema, a persistência das espécies e/ou a biodiversidade do que as áreas preservadas pequenas e dispersas (Tewksbury et al., 2002; Araùjo et al., 2004; Hole et al., 2009; Baranyi et al., 2011). As conexões ecológicas dentro das paisagens preservadas ajudam a manter as funções ecológicas essenciais do fluxo gênico das populações, migração, dispersão de sementes e resposta a distúrbios ou mudanças no clima (Creech et al., 2014). O alinhamento das práticas de conetividade ecológica com o planeamento da natureza selvagem pode, em particular, proporcionar um sistema de preservação da natureza selvagem mais resiliente para a parte californiana dos desertos do sudoeste, que são especialmente susceptíveis aos efeitos dos impactos humanos.

Embora a NWPS e a sua aplicação sejam avaliadas, em certa medida, como um todo, o presente documento tem por objetivo responder às seguintes questões e subquestões especificamente relacionadas com a preservação da região desértica da Califórnia:

1. Como é que a aplicação da Wilderness Act difere entre as agências de administração (ou seja, que critérios são utilizados para identificar áreas de estudo de natureza selvagem e, subsequentemente, para recomendar áreas de natureza selvagem)?

2. Como é que a incorporação e a atribuição de prioridades aos conceitos de conetividade ecológica nos processos de elegibilidade de áreas selvagens das agências podem beneficiar a preservação dos ecossistemas desérticos na Califórnia?

3. Que recomendações ou conclusões adicionais podem ser feitas no que respeita à unificação da natureza selvagem e da preservação ecológica?

Para responder a estas questões de investigação, foi analisada a literatura relevante, incluindo estudos científicos, artigos de revistas, relatórios jurídicos e documentação de organismos públicos.

Também foram examinadas várias legislações passadas e recentes relacionadas com a natureza selvagem, a conservação do deserto da Califórnia e as energias renováveis na Califórnia. Este documento analisa os resultados da revisão da literatura e, em última análise, apresenta recomendações para um processo de planeamento reforçado da natureza selvagem que preservaria melhor os ecossistemas do deserto da Califórnia.

Para dar uma visão geral de como a Wilderness Act evoluiu da legislação para a aplicação, a Secção 2: Administrar a Wilderness Act discute a história de cada uma das agências administradoras, juntamente com as suas abordagens passadas e presentes de planeamento e gestão da natureza selvagem. A Secção 3: Desafios para a natureza selvagem nos desertos da Califórnia apresenta o contexto do planeamento da natureza selvagem na região desértica da Califórnia, incluindo as actuais ameaças e desafios à preservação na região. Para analisar a sua utilidade no planeamento da natureza selvagem, foi sintetizada a investigação anterior de peritos sobre conetividade ecológica e os resultados são explorados na Secção 4: Conectividade ecológica no planeamento da preservação da natureza selvagem. A Secção 4 também identifica os benefícios da conetividade ecológica especificamente para a região desértica da Califórnia. A Secção 5: Aplicando a Conectividade Ecológica à Natureza Selvagem discute a forma como a conetividade ecológica se pode enquadrar na futura implementação da Lei da Natureza Selvagem, descrevendo recomendações para a utilização do conceito para orientar o planeamento da natureza selvagem na região desértica da Califórnia. O documento termina com a Secção 6: Conclusão e Recomendações, que apresenta uma breve panorâmica dos pontos-chave levantados ao longo da análise.

2 ADMINISTRAÇÃO DA LEI SOBRE A NATUREZA SELVAGEM

Em 1964, o Wilderness Act designou imediatamente 54 áreas selvagens, contendo aproximadamente 9,1 milhões de acres de terras florestais nacionais. O Congresso tem autoridade para acrescentar novas áreas à NWPS, mas as agências de proteção da natureza estão encarregadas de analisar as terras federais quanto ao seu potencial de natureza selvagem. Após 1964, foram introduzidos mais de 100 estatutos subsequentes[3] ; cada um deles aborda, em certa medida, as utilizações proibidas e permitidas, embora nenhum altere a Wilderness Act (Gorte, 2011). A maioria das leis subsequentes relativas à natureza selvagem introduzidas destinam-se a designar novas áreas selvagens e todas, exceto três, ordenam que a gestão das áreas selvagens seja efectuada em conformidade com a Wilderness Act (Gorte, 2011).

As agências de administração incumbidas da tarefa de revisão da natureza selvagem devem identificar as terras e propor limites para consideração do Congresso. Organizações de interesse público e privado também podem fazer lobby para a inclusão de terras no NWPS. Ao rever as terras para inclusão no NWPS, o Congresso deve ter em consideração os vários interesses envolvidos na terra, levando anos e muitas vezes até décadas para designar novas áreas selvagens (Wilderness Institute, et al., 2015).

A Figura 2: Processo de designação de zonas selvagens apresenta uma descrição simplificada das etapas incluídas no processo de designação de zonas selvagens.

A Wilderness Act e a maior parte dos primeiros estatutos de revisão da natureza selvagem não abordam especificamente a gestão da natureza selvagem; a Wilderness Act apenas orienta vagamente as agências no sentido de protegerem o carácter selvagem das zonas designadas (Gorte, 2011). Os esforços para identificar áreas selvagens são a Revisão e Avaliação de Áreas Sem Estradas (Roadless Area Review and Evaluation - RARE) do USFS e as Áreas de Estudo de Áreas Selvagens (Wilderness Study Areas - WSAs) do BLM, que são áreas identificadas como

3 Em fevereiro de 2011, existiam 132 estatutos sobre a natureza selvagem; no entanto, desde 2011, foram introduzidos vários estatutos adicionais sobre a natureza selvagem, como a Lei de Conservação e Recreação do Deserto da Califórnia de 2015.

potenciais áreas selvagens. As WSAs estão temporariamente sujeitas a protecções de modo a não prejudicar a sua aptidão para serem consideradas zonas selvagens até se chegar a uma conclusão (Gorte, 2004). Por conseguinte, as quatro agências administradoras, as suas políticas de gestão pré-existentes e as suas estruturas organizacionais influenciam largamente a gestão das terras no âmbito do NWPS.

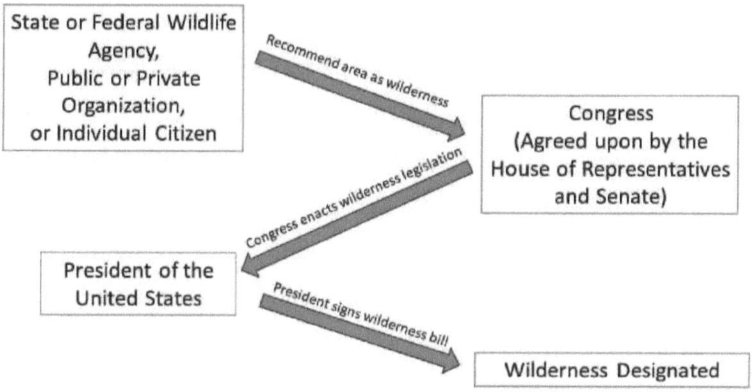

Figura 2: Processo de designação de zonas selvagens

Logisticamente, o NPS, o USFWS e o BLM pertencem ao Departamento do Interior (DOI) e o Departamento de Agricultura dos EUA (USDA) gere o USFS. Duas destas agências - o NPS e o USFWS - funcionam ao abrigo de estatutos de "utilização dominante" que favorecem o recreio e a proteção dos peixes e da vida selvagem, respetivamente, em detrimento das utilizações extractivas da terra. Em contrapartida, as outras duas agências - o USFS e o BLM - obtêm a sua autoridade através de estatutos de uso múltiplo e de rendimento sustentado que favorecem objectivos tanto de preservação como de usos extractivos (por exemplo, produção de madeira, pastoreio e/ou extração de minerais) (Glicksman, 2014). Numa tentativa de unificar a visão das agências da natureza selvagem e a implementação da Wilderness Act, todas as quatro agências da natureza selvagem operam um centro de formação em gestão da natureza selvagem em Missoula, Montana. No entanto, as abordagens de gestão da natureza selvagem de agência para agência, e mesmo dentro das agências, de área selvagem para área selvagem, podem variar significativamente. Por exemplo, muitas áreas selvagens do NPS proíbem a caça dentro dos seus limites, enquanto o USFS e o BLM geralmente não permitem a caça nas suas áreas selvagens (Gorte, 2011). O USFWS também levou a cabo actividades de restauração ativa dentro dos limites das zonas selvagens, operando ao abrigo da cláusula de exceção da Wilderness Act, enquanto a maioria das agências de zonas selvagens utiliza uma abordagem de gestão não interventiva.

2.1 Identificação da natureza selvagem pelas agências

As subsecções seguintes apresentam uma panorâmica geral de cada agência responsável pela natureza selvagem, juntamente com uma descrição das suas abordagens passadas e presentes em matéria de planeamento e gestão da natureza selvagem. A investigação apresentada analisa a forma como cada agência difere uma da outra, especificamente na forma como identificam a natureza selvagem. Em última análise, esta secção fornecerá informações sobre os pontos em que as agências de gestão da natureza selvagem podem melhorar os seus processos de planeamento da natureza selvagem.

2.1.1 O NPS

O Sistema de Parques Nacionais do NPS foi criado em 1916, após a adoção da Lei Orgânica, com o objetivo de criar uma organização unificada para gerir os parques e monumentos nacionais já existentes na altura (NPS, 2015a). Atualmente, o NPS gere cerca de 84 milhões de acres de terra, incluindo parques nacionais, monumentos, campos de batalha, locais históricos, áreas de lazer, praias marítimas e rios e trilhos panorâmicos (NPS, 2015a). Com mais de 290 milhões de visitantes no Sistema de Parques Nacionais todos os anos, o Sistema de Parques Nacionais também inclui uma extensa rede de estradas e infra-estruturas, incluindo centros de visitantes, alojamento, serviços de alimentação e lojas de recordações (NPS, 2015a; Zellmer, 2014). Os parques nacionais são delineados em grande parte com base em influências políticas e económicas, com o objetivo principal de preservar as terras para o usufruto do público (Zellmer, 2014; NPS, 2015a). Tal como acontece com as zonas selvagens, o Congresso tem de criar novos parques nacionais; embora recentemente o NPS tenha recorrido a parcerias de conservação e a servidões paisagísticas para expandir o sistema (Organic

Act, 1916; Zellmer, 2014).

O NPS tem uma longa história de construção de infra-estruturas nos seus parques, numa tentativa de os tornar convenientemente acessíveis a um número cada vez maior de visitantes. Mesmo os seus esforços de gestão de terras no passado centraram-se em quase subjugar a natureza, por exemplo, combatendo e prevenindo incêndios florestais, erradicando predadores como os lobos, e colocando iscos e encurralando ursos e bisontes à vista dos visitantes do parque para proporcionar entretenimento e/ou recreação segura e benigna (Zellmer, 2014). Nalguns casos, como o Padre Island National Seashore, o NPS só tem jurisdição sobre a superfície, enquanto os interesses minerais privados contêm direitos sobre a subsuperfície (Zellmer, 2014). Para dar um exemplo da atitude do NPS em relação à visitação, em 1956, a "Missão 66" do NPS iniciou um programa de dez anos com o objetivo de acomodar 80 milhões de visitantes até 1966, exigindo mais desenvolvimento, serviços públicos e pessoal dentro do Sistema de Parques Nacionais. Atualmente, o número anual de visitas atingiu mais de três vezes o objetivo estabelecido pela Missão 66 (Zellmer, 2014).

As partes não urbanizadas (backcountry) dos parques nacionais estão sujeitas ao desenvolvimento e aos impactos recreativos resultantes de actividades como a construção de estradas e a utilização de veículos motorizados todo-o-terreno. As protecções das zonas remotas dos parques nacionais estão sujeitas a regulamentos administrativos que podem mudar (NPS, 2015b); no entanto, na sequência da Lei Wilderness, o NPS iniciou um esforço pequeno mas crescente para localizar e designar partes do Sistema de Parques Nacionais como zonas remotas. Alguns críticos têm afirmado que a estrutura do NPS é tendenciosa contra a natureza selvagem porque a gestão da natureza selvagem pode interromper o uso normal do visitante e o gozo dos parques (Zellmer, 2014). Independentemente deste potencial obstáculo, o NPS tem fornecido a maior área de natureza selvagem para o NWPS de qualquer uma das agências de natureza selvagem. A partir de 2015, aproximadamente 44 milhões de acres de terras do NPS foram adicionados ao NWPS, proporcionando a essas áreas proteções mais rigorosas e permanentes que a Lei Orgânica e as políticas do NPS não fornecem (NPS, 2015b). Ainda assim, muitos críticos acreditam que a história do NPS de desenvolvimento recreativo intensivo e preconceito contra a natureza selvagem restrita dentro do Sistema de Parques Nacionais continua a afetar a abordagem do NPS à gestão da natureza selvagem (Zellmer, 2014).

Para avaliar o potencial de uma área para ser designada como zona selvagem, os critérios de elegibilidade do NPS são constituídos por cada uma das quatro partes da definição de zona selvagem da Wilderness Act. No entanto, para além dos critérios de definição primários, o NPS tem em conta outras considerações. Estas considerações incluem terras que tiveram utilizações extractivas intensas no passado, mas essas utilizações passadas são atualmente imperceptíveis ou podem ser potencialmente restauradas. Os direitos ou privilégios existentes, como a exploração mineira, o desenvolvimento e as operações agrícolas, também não são factores de desempate para o NPS ao considerar as terras. Outra política única do NPS é o facto de a utilização de embarcações motorizadas, motas de neve ou aeronaves não tornar uma área inelegível para inclusão como zona selvagem em , uma vez que é considerada a medida em que estas utilizações podem ter impacto na zona selvagem e a forma como podem ser atenuadas (Wilderness Institute, et al., 2015).

O processo de inventário de áreas selvagens do NPS inclui a categorização das suas terras em vários tipos de áreas selvagens potenciais - desde áreas selvagens ainda não avaliadas quanto ao seu potencial até áreas selvagens designadas e aprovadas pelo Congresso. A Política de Gestão #41 do NPS fornece estratégias gerais para a gestão das áreas selvagens do NPS e aplica-se a todas as áreas selvagens elegíveis, em estudo, propostas e designadas (NPS, 2006). Por conseguinte, mesmo as zonas selvagens elegíveis mas ainda não designadas como zonas selvagens são geridas de modo a proteger as suas caraterísticas selvagens. O processo de designação de áreas selvagens do NPS utiliza mais categorias de estado de natureza selvagem do que qualquer outra das agências de áreas selvagens. Os oito estatutos formais de terras selvagens categorizados pelo NPS são os seguintes:

- *não avaliada*: a zona ainda não foi avaliada para determinar se é elegível para um estudo sobre a natureza selvagem, ou uma zona anteriormente considerada não elegível que requer uma reavaliação;

- *avaliada*: a elegibilidade da zona foi avaliada, mas a determinação não foi formalmente aprovada;

- *elegível*: a elegibilidade da zona foi aprovada pelo diretor do NPS ou a zona foi selecionada para estudo da natureza selvagem;

- *proposta de zona selvagem*: foi concluído um estudo formal sobre a zona selvagem, mas não foi transmitido ao Presidente dos EUA;

- *propriedades selvagens transferíveis*: terras privadas, estatais, tribais ou outras terras não federais dentro de uma área selvagem designada que podem ser convertidas em áreas selvagens sem qualquer outra ação do Congresso, uma vez adquiridas pelo NPS;

- área selvagem *potencial proposta*: a área satisfaz as qualificações de área selvagem proposta e é adjacente a uma área selvagem elegível, proposta, recomendada ou designada;

- *designada* como zona *selvagem potencial*: a zona foi designada como tal pelo Congresso porque não é atualmente elegível para designação imediata devido a uma condição ou utilização temporária não conforme, mas o NPS

O Secretário pode designá-la como zona selvagem logo que estejam reunidas as condições adequadas, sem qualquer outra ação do Congresso; e

- área selvagem *designada*: a área foi designada pelo Congresso como área selvagem e assinada como lei pelo Presidente (NPS, 2013).

De todas as categorias anteriormente enumeradas, o único estatuto de terra permanente é o de área selvagem designada. No entanto, ao gerir todas as áreas selvagens elegíveis ou em estudo como se já estivessem designadas, o NPS impede-se de iniciar qualquer atividade ou de permitir qualquer utilização que desqualifique a área como área selvagem de acordo com a definição da Wilderness Act ou que, de outra forma, diminua as caraterísticas selvagens da área. Trata-se de um instrumento comum utilizado pelas agências de áreas selvagens para garantir a proteção da área durante o longo processo de designação. A área selvagem elegível, em estudo ou proposta é temporariamente gerida com esta abordagem até que o Congresso designe a área como área selvagem (em que a gestão da área selvagem é permanente) ou liberte a área da designação elegível, em estudo ou proposta (em que a área volta à sua abordagem de gestão anterior) (NPS, 2006).

2.1.2 O USFWS

As origens do USFWS remontam ao Bureau of Fisheries e ao Bureau of Biological Survey, que foram ambos transferidos para o DOI e, em 1904, formaram o USFWS. O USFWS é responsável pela administração de vários estatutos históricos de conservação da vida selvagem, incluindo o Migratory Bird Treaty Act de 1918, o Marine Mammal Protection Act de 1972 e o Endangered Species Act de 1973. O Sistema Nacional de Refúgio de Vida Selvagem coloca as responsabilidades do USFWS para além da gestão da vida selvagem, tornando-o numa importante agência federal de gestão de terras (Zellmer, 2014). À medida que os refúgios de vida selvagem se tornaram destinos populares de recreio, a Lei de Administração do Sistema Nacional de Refúgio de Vida Selvagem de 1966 foi aprovada para dar resposta a esta preocupação, exigindo que todas as actividades de recreio fossem compatíveis com o objetivo principal de cada refúgio. Mesmo assim, os refúgios continuaram a suscitar preocupações quanto à sua gestão, e a Lei de 1997 sobre a Melhoria da Administração dos Refúgios foi promulgada para criar um sistema de gestão mais abrangente e integrado dos refúgios como um todo (Zellmer, 2014).

O Sistema Nacional de Refúgio de Vida Selvagem (NWRS), administrado pelo USFWS, abrange mais de 150 milhões de acres, excluindo as suas protecções de terras no Alasca, e proporciona habitat a milhares de espécies de aves, mamíferos, répteis, anfíbios e peixes (USFWS, 2014). Os refúgios do sistema são designados como tal pelo Congresso ou pelo Presidente dos EUA, a partir de terrenos federais já existentes geridos por outra agência, ou são doados por proprietários privados (Zellmer, 2014). O USFWS gere mais de 20 milhões de acres de terras selvagens, dos quais cerca de 90 por cento estão localizados no Alasca (USFWS, 2015). O USFWS tem talvez a definição interna mais ecológica das caraterísticas da natureza selvagem, que inclui "proporcionar ambientes para plantas e animais nativos, incluindo os ameaçados ou em perigo de extinção", bem como manter bacias hidrográficas e atmosféricas saudáveis e servir de referência para estudos ecológicos (USWFS, 2008). Naturalmente, os quatro níveis de natureza selvagem definidos pelo Wilderness Act são também uma prioridade do USFWS na identificação da natureza selvagem. O processo de planeamento da revisão e designação de zonas selvagens do USFWS inclui três fases:

- inventariar as terras que cumprem os requisitos mínimos para a natureza selvagem (zonas de estudo da natureza selvagem (WSA));
- estudar e avaliar as WSA; e
- recomendam a designação de zonas selvagens como WSA.

Todas as terras e águas geridas pelo USFWS são avaliadas quanto à elegibilidade para a natureza selvagem e as revisões são efectuadas em simultâneo com o NWRS

Processo de Planeamento da Conservação Abrangente (CCP) (Wilderness Institute, et al., 2015). O USFWS deve efetuar revisões da natureza selvagem, implementando estas três etapas, no mínimo de 15 em 15 anos (USFWS, 2008). Os quatro estatutos seguintes são atribuídos a terrenos em avaliação pelo USFWS:

- *área de estudo da natureza selvagem*: área que está a ser considerada para recomendação de natureza selvagem
- área *selvagem recomendada*: área que o Diretor do USFWS recomendou ao Secretário do Interior para inclusão no NWPS
- áreas *selvagens propostas*: áreas que o Secretário do Interior recomendou ao Presidente para inclusão no NWPS
- zona selvagem *designada*: zona designada como zona selvagem por lei

Tanto as áreas selvagens propostas como as áreas selvagens designadas são geridas de acordo com a Wilderness Act, embora as protecções concedidas às áreas selvagens propostas sejam temporárias.

O processo do PCC ajuda a atingir os objectivos do inventário da natureza selvagem, exigindo revisões das terras da NWRS abrangidas por um PCC. Uma vez que a terra é designada como área selvagem, os princípios-chave listados nas políticas internas do USFWS incluem o cumprimento da Lei da Administração, da Lei da Natureza Selvagem e dos objectivos do sistema de refúgio para uma variedade de benefícios públicos. Outro princípio fundamental é assegurar um recurso "duradouro" de natureza selvagem, o que a política do USFWS afirma poder ser conseguido mantendo e mesmo restaurando a integridade biológica, a diversidade, a saúde ambiental e o carácter selvagem da natureza selvagem designada (USFWS, 2008). Este aspeto é especialmente exclusivo do USFWS, uma vez que outras agências não deram prioridade à restauração ou manipulação ativa da terra para um estado natural, ou à integridade e diversidade biológicas.

O USFWS é a única agência federal de gestão de terras que dedica os seus esforços de gestão de terras exclusivamente à vida selvagem; no entanto, as terras variam muito em tamanho, origem, níveis de desenvolvimento anterior e controlo do USFWS (Zellmer, 2014). Embora o USFWS seja tipicamente conhecido como a agência de terras selvagens com maior ênfase na conservação ecológica e biológica, isso não está necessariamente alinhado com as prioridades da Lei de Terras Selvagens, que se baseiam principalmente em proporcionar condições naturais com pouca interferência humana. A conservação biológica e a preservação da natureza selvagem são muitas vezes esforços que se sobrepõem, mas devido às restrições da Wilderness Act, uma designação de natureza selvagem pode interferir com os esforços do USFWS para gerir ativamente as populações de animais selvagens e restaurar os habitats (Zellmer, 2014) (USFWS, 2008).

2.1.3 O USFS

O USFS foi criado em 1905 para gerir as "reservas florestais" do país, originalmente criadas pelo Forest Reserve Act de 1891 e que viriam a tornar-se florestas nacionais. A nova agência do USFS substituiu o Bureau of Forestry do USDA, uma organização cujas raízes remontam a 1881, com a Division of Forestry, , criada para avaliar as condições florestais do país (Williams, 2005). As primeiras décadas do USFS centraram-se no mapeamento das florestas nacionais, na disponibilização e manutenção do acesso a trilhos, na administração de licenças de pastoreio e na proteção das florestas contra incêndios e exploração não autorizada, como a caça furtiva e as operações não autorizadas de exploração de madeira e de pastoreio (Williams, 2005). Atualmente, o Sistema Florestal Nacional (SFN) do USFS abrange aproximadamente 192,5 milhões de acres de terras federais (Gorte, 2006). A lei Multiple-Use Sustained-Yield Act de 1960 autorizou o USDA a desenvolver e gerir os recursos renováveis das florestas nacionais para utilizações múltiplas, assegurando simultaneamente a produtividade contínua da madeira, das pastagens, das bacias hidrográficas, da vida selvagem e da recreação ao ar livre (Multiple-Use Sustained-Yield Act, 1960).

Em 1964, a agência tornou-se pioneira na gestão de áreas selvagens quando o Wilderness Act designou imediatamente mais de 9,1 milhões de hectares de florestas nacionais existentes como áreas selvagens (Gorte, 2011). A seguir a 1964, o USFS iniciou o programa RARE para identificar terras florestais nacionais com extensões sem estradas de pelo menos 5 000 acres e, por conseguinte, potencialmente qualificáveis para a designação de zonas selvagens (Glicksman, 2014). O esforço RARE identificou 58 milhões de acres de terras florestais nacionais, mas foi abandonado em 1972 devido a desafios de conformidade com a Lei de Política Ambiental Nacional (Gorte, 2011). O programa RARE II, que teve início em 1977, identificou mais quatro milhões de acres (Glicksman, 2014). Finalmente, um plano de gestão adotado pelo USFS em 2001 identificou 58,4 milhões de acres de área sem estradas, cobrindo aproximadamente um terço do NFS (Glicksman, 2014).

O USFS gere, de longe, o maior número de NWPS por unidade - quase o triplo das unidades geridas pelo NPS - e é o segundo maior administrador de áreas selvagens em hectares. O sucesso do USFS na designação de áreas selvagens pode dever-se, em parte, à localização acidentada e remota das suas terras, que desencoraja as utilizações extractivas devido à impraticabilidade e às despesas associadas à terra e à localização

(Glicksman, 2014). Além disso, as qualidades das florestas geralmente também tornam a zona mais apta a satisfazer as qualificações de "solidão" exigidas pelo Wilderness Act, devido à abundância de árvores e à topografia intermédia.

Para identificar uma área potencialmente selvagem, o USFS avalia as caraterísticas selvagens de uma área, ou as condições da terra que podem qualificar áreas para serem consideradas como áreas selvagens designadas, de acordo com a definição de natureza selvagem da Lei da Natureza (USFS, 2008). As quatro categorias básicas contidas nesta definição são consideradas para além de uma definição alargada do USFS que acrescenta as seguintes caraterísticas às suas avaliações de inventário: dimensão, natural, não urbanizado, oportunidades excepcionais de solidão ou de recreio primitivo e não confinado, caraterísticas e valores especiais e capacidade de gestão (USFS, 2008). Cada critério de natureza selvagem é continuamente monitorizado nas terras do USFS para determinar o seu potencial de inclusão no NWPS.

O USFS tem sido um líder nas agências de proteção da natureza no que respeita à medição da solidão, em particular. Por exemplo, o USFS classifica a solidão em zonas selvagens e potenciais zonas selvagens nas três categorias seguintes:

- Tipo 1: áreas selvagens de utilização elevada ou média com mais de 75 milhas de corredores de deslocação (por exemplo, trilhos para caminhadas, rios navegáveis, etc.) ou áreas selvagens de utilização reduzida com 100 milhas ou mais de corredores de deslocação;
- Tipo 2: zonas selvagens de utilização elevada ou média entre 1 e 75 milhas de corredores de viagem ou zonas selvagens de utilização reduzida entre 1 e 100 milhas de corredores de viagem;
- Tipo 3: Nenhum quilómetro de corredor de viagem, independentemente da dimensão da região selvagem (USFS, 2014).

Como já foi referido, o USFS tem-se baseado no conceito de seleção por vegetação ou topografia para avaliar a solidão (Glicksman, 2014). No entanto, a monitorização da solidão do USFS para potenciais zonas selvagens inclui também monitores no terreno que contam o total de encontros de viagem (USFS, 2014). Além disso, para monitorizar a capacidade de proporcionar recreação primitiva e não confinada, o USFS documenta as condições e o desenvolvimento de trilhos ou outros corredores de viagem disponíveis (USFS, 2014).

2.1.4 O BLM

As raízes do BLM remontam ao General Land Office, criado em 1812, e ao U.S. Grazing Service, criado em 1934. As duas agências fundiram-se em 1946, formando o BLM, com responsabilidades em matéria de disposição de terras, gestão de pastagens e extração de minerais (Gorte, 2006). Só com o Federal Land Policy and Management Act (FLPMA) de 1976 é que as responsabilidades da agência foram consolidadas num único estatuto e que o BLM se tornou um administrador de terras selvagens. O BLM desenvolve planos de utilização das terras que orientam a gestão das suas terras públicas para proteger os recursos naturais, prevendo simultaneamente utilizações não naturais como a habitação humana, o desenvolvimento mineral, o desenvolvimento de infra-estruturas energéticas, etc. (California Energy Commission, 2014). O BLM gere aproximadamente 261,5 milhões de acres de terras federais (Gorte, 2006). Aproximadamente 31 milhões de acres destas terras estão incluídos nas Terras de Conservação Nacional do BLM em dez estados ocidentais, incluindo monumentos nacionais, áreas de conservação, rios selvagens e cénicos, trilhos cénicos e históricos, zonas selvagens e WSAs (BLM, 2015). Devido à sua grande presença no oeste, o BLM é a maior agência de terras selvagens na região desértica da Califórnia.

Nenhuma terra pública gerida pelo BLM foi imediatamente elevada a zona selvagem pela Wilderness Act, como foi o caso das terras geridas pelo USFS. No entanto, a FLPMA atribuiu ao BLM a responsabilidade de analisar as áreas sem estrada com 5 000 acres ou mais que tenham potencial para serem designadas como zonas selvagens. O inventário FLPMA identificou inicialmente cerca de 23 milhões de acres de terra fora do Alasca que se poderiam qualificar como WSAs, o que os críticos afirmaram ser demasiado baixo ou incompreensível (Glicksman, 2014) (Gorte, 2011). No entanto, é importante notar que as terras do BLM podem ser mais afectadas pelo desenvolvimento e, por conseguinte, são mais incompatíveis com as caraterísticas de natureza selvagem exigidas do que outras terras federais, porque as terras do BLM tendem a ter sido e são mais acessíveis a interesses minerais e outros interesses extractivos. Atualmente, o BLM identificou cerca de 12,6 milhões de acres de WSAs e gere 222 áreas selvagens separadas que abrangem cerca de 8,6 milhões de acres; no entanto, as áreas selvagens do BLM equivalem apenas a cerca de 3 por cento de toda a área terrestre do BLM (BLM, 2015).

As terras BLM não designadas como zonas selvagens são analisadas quanto às suas caraterísticas de natureza selvagem de acordo com o Manual BLM 6310. O Manual 6310 da BLM fornece orientações pormenorizadas sobre a realização de inventários de caraterísticas de natureza selvagem. As terras que têm ou podem ter caraterísticas de natureza selvagem são documentadas e essas qualidades devem ser consideradas aquando da tomada de decisões sobre a utilização das terras da BLM, conforme exigido pelo Manual BLM 6320. Os inventários de caraterísticas de natureza selvagem para identificar a presença ou ausência de natureza selvagem em terras BLM são obrigatórios pela Secção 201 da FLPMA e, embora não tenham sido estabelecidos prazos obrigatórios, os inventários devem ser actualizados periodicamente (BLM, 2012a). Os inventários das caraterísticas da natureza selvagem serão actualizados quando ocorrerem determinados eventos ou factores. Poderá ser necessária uma atualização se o BLM identificar novas informações sobre as condições dos recursos de uma zona que satisfaçam as normas mínimas das caraterísticas de natureza selvagem; ou se um projeto ou empreendimento com impacto nas caraterísticas de natureza selvagem de uma zona estiver a ser submetido a uma revisão NEPA (BLM, 2012a). As caraterísticas de natureza selvagem exigidas para uma potencial área selvagem do BLM incluem os quatro principais critérios de elegibilidade definidos pela Wilderness Act. Em conformidade com a linguagem da Wilderness Act, os três primeiros critérios (ou seja, naturalidade, dimensão e oportunidades excepcionais de solidão ou de recreio primitivo e não confinado) são obrigatórios para a qualificação como potencial região selvagem (BLM, 2012a). O quarto critério opcional - valores suplementares - não é obrigatório, mas é, no entanto, inventariado para as áreas que satisfazem os primeiros três critérios (BLM, 2012a).

Uma vez determinado que uma área satisfaz os critérios mínimos de elegibilidade para as caraterísticas de natureza selvagem, o BLM - de acordo com o seu mandato de utilização múltipla - deve considerar tanto os impactos das utilizações da terra na área potencialmente selvagem como os efeitos que uma designação de natureza selvagem teria sobre as utilizações da terra existentes no interior e adjacentes à área (BLM, 2012b). As principais preocupações que o BLM deve ter em conta são discutidas no Manual BLM 6320, que orienta o processo de planeamento da utilização de terras selvagens. O manual enumera várias considerações, incluindo se a terra pode ser gerida eficazmente pelo BLM, preservando ao mesmo tempo o carácter selvagem da terra, e também se uma designação de região selvagem renunciaria a recursos e potencial de desenvolvimento que não estão disponíveis noutro local (BLM, 2012b). Embora o BLM tente evitar controvérsias sobre a afetação de recursos ou outros interesses económicos que a designação de região selvagem proibiria, também tem autoridade para tomar decisões sobre a utilização da terra dentro dos seus limites, retirando direitos existentes ou arrendando terras para melhor se adequar ao carácter selvagem da terra (BLM, 2012b).

Adoptando os critérios do USFS para a solidão, o BLM mediu a oportunidade de uma potencial área selvagem proporcionar solidão com base no conceito de seleção. Enquanto as florestas não faltam neste conceito devido ao terreno acidentado com densos povoamentos de árvores, quase três quartos das terras do BLM são caracterizados como matagais; apenas cerca de 10 por cento das terras públicas no oeste dos EUA contêm terras florestadas (Glicksman, 2014). Embora muitos entusiastas da natureza selvagem acreditem que a solidão pode ser encontrada nas áreas de matagal do BLM, a medida anterior de solidão da agência com base em uma excelente triagem vegetativa ou topográfica impediu que muitas áreas fossem elegíveis. Embora o BLM tenha entretanto invertido esta política para deixar claro que a solidão pode ser encontrada em áreas sem triagem, a sua adoção anterior da solitude por triagem do USFS pode ser responsável pelo seu baixo número de áreas selvagens estabelecidas (Glicksman, 2014).

2.2 A gestão da natureza selvagem e a cláusula de exceção

A Wilderness Act é particularmente específica no que diz respeito ao que é permitido dentro dos limites da natureza selvagem; no entanto, as utilizações não conformes existentes ou as utilizações necessárias para a gestão da terra pela agência são permitidas na natureza selvagem designada. Além disso, tal como apresentado nas secções anteriores, cada agência responsável pela administração das zonas selvagens utiliza práticas e interpretações ligeiramente diferentes das utilizações permitidas. No entanto, a natureza selvagem oferece proteção contra o desenvolvimento - incluindo infra-estruturas de transporte e energia - que outras áreas preservadas, como parques nacionais, monumentos e florestas, não oferecem.

De um modo geral, não é permitida qualquer interferência humana permanente nas zonas selvagens. No entanto, a cláusula de exceção do Wilderness Act e os estatutos subsequentes relativos à natureza selvagem permitem a utilização de actividades proibidas (por exemplo, empresas comerciais, veículos motorizados e estradas permanentes) para fins de gestão e de emergência. Além disso, o estatuto permite que sejam tomadas medidas de controlo de incêndios, insectos e doenças, "sujeitas às condições que o Secretário considere desejáveis" (Wilderness Act, 1964). Como tal, as agências utilizaram o poder conferido pela cláusula de exceção para construir estradas para fins de gestão, controlar incêndios florestais, continuar a utilização de veículos motorizados, permitir o pastoreio de gado e a prospeção de minerais e desenvolver projectos hídricos (Gorte, 2011). Além disso, a Lei da Natureza Selvagem não substitui as actividades de pesca e vida selvagem do Estado; alguns estatutos e planos de gestão da natureza selvagem fornecem instalações e acesso motorizado para apoiar as actividades de gestão da pesca e vida selvagem do Estado dentro dos limites da natureza selvagem (Gorte, 2011).

As estradas são muitas vezes consideradas necessárias para actividades de gestão ou resposta a emergências pela agência responsável pela natureza selvagem, embora estas estradas possam também ser utilizadas não oficialmente para acesso a actividades recreativas. Nalguns casos, as agências de natureza selvagem contornaram mesmo a restrição da lei às estradas permanentes na natureza selvagem através da utilização de "cherry stems", que são estradas dentro de um buffer não selvagem que atravessam uma área de natureza selvagem contígua. Por exemplo, as Montanhas Inyo

A área selvagem, que é gerida em parte pelo BLM e em parte pelo USFS, contém estradas de acesso de terra dentro dos seus limites. Estas estradas de acesso, utilizadas pelo USFS para acesso de gestão, são identificadas como sendo da vizinha Inyo National Forest; foi traçada uma zona de proteção em torno das estradas, deixando um "tronco de cereja" de terras da Inyo National Forest dentro do limite da área selvagem das Inyo Mountains.

O Congresso tem sido geralmente omisso quanto à questão das distâncias entre as estradas e os limites das áreas selvagens, bem como quanto às zonas-tampão entre as áreas selvagens e as utilizações não conformes; no entanto, os projectos de lei subsequentes sobre áreas selvagens proibiram as zonas-tampão de restringir as utilizações nas terras federais que circundam as áreas selvagens (NPS, 2013) (Gorte, 2011). O primeiro estatuto óbvio a abordar as zonas-tampão foi um ato do Congresso para designar terras selvagens no estado do Novo México em 1980, declarando: "O facto de as actividades ou utilizações não selvagens poderem ser vistas ou ouvidas a partir de áreas dentro da zona selvagem não deve, por si só, impedir tais actividades ou utilizações até ao limite da zona selvagem" (Lei Pública 96-550). Uma redação quase idêntica foi incluída em 30 outros estatutos de zonas selvagens após a sua introdução em 1980 (Gorte, 2011).

As utilizações não conformes são também frequentemente incorporadas nos estatutos que designam as zonas selvagens , provavelmente em resultado de lobbies e interesses contraditórios que o Congresso tem de considerar. Por exemplo, a Lei de Proteção do Deserto da Califórnia de 1994 incluía uma condição para que o BLM autorizasse a construção de uma agulha espacial, se solicitada pelo Secretário da Marinha, dentro da zona selvagem recém-designada, se solicitada, e até previa o direito de passagem da estrada de construção, chamando-lhe um "corredor rodoviário não selvagem" (Gorte,

2011). A agulha espacial nunca foi construída e a autorização para esta utilização não conforme expirou desde então. É importante notar que esses compromissos são quase impossíveis de evitar e podem ser um componente-chave para o sucesso e a perseverança da NWPS.

2.3 Resumo da atual administração da natureza selvagem

As novas áreas selvagens só são acrescentadas ao NWPS quando o Congresso aprova uma área que tenha sido estudada, revista e proposta para área selvagem pela agência administradora. Cada agência tem o seu próprio processo de inventariação e avaliação de terrenos para inclusão no NWPS; no entanto, seguem os mesmos passos gerais, de acordo com o Wilderness Act e outros estatutos de zonas selvagens. Embora cada uma das agências utilize abordagens e/ou prioridades ligeiramente diferentes nos seus processos de revisão da natureza selvagem, cada uma delas cumpre a definição de natureza selvagem da Wilderness Act, que tem quatro vertentes:

- a zona é natural e não foi afetada pelo homem;
- proporciona solidão ou actividades recreativas primitivas e não confinadas;
- tem uma dimensão suficiente; e
- pode conter outro valor importante.

Apenas os três primeiros critérios da definição são obrigatórios. Embora o requisito de dimensão proporcione alguns benefícios em termos de conetividade ecológica, não se exige que as fronteiras da natureza selvagem sejam traçadas de acordo com a dinâmica dos ecossistemas. Além disso, o valor ecológico é apenas um critério opcional que parece quase uma reflexão tardia da definição do Wilderness Act. Embora o sucesso dos esforços de conservação seja tipicamente medido, pelo menos em parte, pela forma como a diversidade ecológica e biológica está representada na rede protegida, este não é um fator definidor da conservação da natureza selvagem ao abrigo do Wilderness Act (Dietz et al., 2015). A natureza selvagem em si é um conceito fundamentalmente holístico, e a preservação da natureza selvagem deve dar mais peso à importância da área no contexto ambiental e geográfico mais alargado como um todo (USDA, 2005).

"Sem obstáculos provocados pelo homem" refere-se à terra que foi deixada a "correr livremente" sem impacto antropogénico direto (USDA, 2005). Esta é uma definição bem aceite de natureza selvagem e, uma vez designada, é um conceito importante a preservar (por exemplo, permitir que os incêndios florestais naturais sigam o seu curso; deixar as paisagens sem ajuda para se regenerarem naturalmente após uma perturbação; deixar os cursos de água e os rios inalterados, permitindo uma mudança natural do seu percurso ao longo do tempo). O mesmo pode ser interpretado a partir da utilização do termo "natural" na Wilderness Act, uma vez que, de acordo com a lei, a área deve "parecer ter sido afetada principalmente pelas forças da natureza, sendo a marca do trabalho do homem substancialmente impercetível". A utilização dos termos untrammeled e natural cumpre o papel muito importante e fundamental de proteger a natureza selvagem do controlo humano. No entanto, embora um ambiente natural e livre de obstáculos seja frequentemente o principal objetivo dos planeadores de conservação, a sua utilização no processo de seleção de elegibilidade para a natureza selvagem resulta na exclusão de terrenos que tenham sofrido impactos no passado de serem incluídos no NWPS.

Os ecossistemas dos desertos do sudoeste recuperam lentamente das perturbações naturais e humanas, pelo que são frequentemente necessários esforços de gestão para ajudar o sistema a regressar a um estado natural. Os esforços de recuperação têm o potencial de restabelecer as áreas degradadas e de as tornar disponíveis para a designação de natureza selvagem, se a área cumprir os outros requisitos de natureza selvagem. De qualquer modo, quanto mais tempo uma área permanecer desprotegida por uma designação de natureza selvagem, maior será o risco de novas invasões e impactos. Além disso, os processos de designação de áreas selvagens baseiam-se numa lei com mais de 50 anos e não incorporam os conceitos de conservação ecológica atualmente aceites por todos. O Wilderness Act é fundamentalmente um instrumento de preservação estética e recreativa; no entanto, tornou-se fundamental não só para proteger a natureza selvagem para usufruto humano, mas também para proteger a natureza selvagem para as espécies vegetais e selvagens que nela se encontram.

Uma vez que a natureza selvagem é o principal estatuto de preservação da terra nos EUA, é necessário continuar a melhorar e a desenvolver o objetivo original da Lei da Natureza Selvagem, "para usufruto humano". Para tal, as agências responsáveis pelas regiões selvagens devem também dar prioridade aos conceitos de conservação ecológica experimentados e verdadeiros nos seus processos de planeamento das regiões selvagens. A necessidade de um processo de designação de áreas selvagens reformado ou reestruturado pode ser maior na região do deserto da Califórnia, onde uma paisagem cada vez mais fragmentada e a crescente procura de infra-estruturas de energia renovável na região representam uma ameaça para os ecossistemas dentro e fora das fronteiras das áreas selvagens. A secção seguinte apresenta mais informações sobre a região desértica da Califórnia.

3 DESAFIOS À NATUREZA SELVAGEM NOS DESERTOS DA CALIFÓRNIA

A região desértica da Califórnia possui uma das mais singulares biodiversidades e paisagens dos Estados Unidos. Consequentemente, esta área recebe uma atenção significativa tanto de conservacionistas como de promotores imobiliários. As subsecções seguintes discutem os desafios que a natureza selvagem e outros esforços de preservação enfrentam na região desértica da Califórnia. Nomeadamente, esta discussão centra-se no desenvolvimento de energias renováveis, uma vez que é uma das ameaças mais esperadas à biodiversidade e à persistência de espécies na região.

3.1 A natureza selvagem na região do deserto da Califórnia

A região desértica da Califórnia - que inclui os desertos de Mojave e Sonora - contém uma grande variedade de espécies e habitats sensíveis. Nos últimos anos, estes desertos têm sido objeto de uma atenção crescente por parte dos conservacionistas. O primeiro avanço moderno na conservação da natureza selvagem do deserto ocorreu no final do século ^{XX}, com a aprovação da Lei de Proteção do Deserto da Califórnia de 1994, que designou mais de 3,6 milhões de acres de natureza selvagem na Califórnia. Criou 66 novas áreas selvagens e acrescentou terras a três áreas selvagens BLM já existentes, bem como uma nova área de estudo de áreas selvagens, totalizando 11 200 acres. Recentemente, a proposta de Lei de Conservação e Recreação do Deserto da Califórnia (DCRA) de 2015 propõe a atualização da lei de 1994, prevendo a conservação, o aumento das oportunidades de recreio e o desenvolvimento de energias renováveis na área de conservação do deserto da Califórnia.

Esta proposta inclui mais de 200 000 acres de novas áreas selvagens do BLM, acrescentando mais de 95 000 acres às áreas selvagens existentes geridas pelo BLM, para além de novas áreas selvagens do NPS e outras protecções menores (DCRA, 2015).

Alguns dos animais do deserto mais sensíveis do estado e populações críticas destas espécies existem em zonas selvagens da região desértica da Califórnia. Por exemplo, as ovelhas selvagens do deserto, classificadas como ameaçadas de extinção ao abrigo da lei federal sobre espécies ameaçadas (ESA), são ungulados tímidos que se encontram nas regiões desérticas e montanhosas da Califórnia. Esta espécie é particularmente suscetível aos impactos resultantes da atividade humana e da invasão do uso do solo (Campbell, 2001). Por habitarem em áreas rochosas e montanhosas separadas por grandes extensões de deserto relativamente planas, as populações de ovelhas selvagens do deserto na região desértica da Califórnia foram amplamente fragmentadas pelo desenvolvimento urbano e de infra-estruturas (Creech et al, 2014). Além disso, as actividades recreativas têm tido um impacto nas ovelhas selvagens do deserto devido ao aumento da presença de caminhantes e de cães domésticos trazidos pelos caminhantes (Campbell, 2001; Longshore, 2013). A presença de caminhantes pode ter um impacto substancial, mas temporário, na seleção individual do habitat e no comportamento das ovelhas selvagens do deserto, semelhante ao que os predadores naturais causariam (Longshore, 2013). As estradas no habitat dos carneiros selvagens do deserto também desencadeiam a resposta de fuga, bem como alteram as rotas de migração, os caminhos para as fontes de água e o território de reprodução (Campbell, 2001). A última grande ameaça para as ovelhas selvagens do deserto é o pastoreio de gado, que provoca uma competição direta por água e alimentos ou alterações indirectas na paisagem e na composição da vegetação (Campbell, 2001).

O número de ovelhas selvagens do deserto nos desertos do sudoeste foi afetado de forma devastadora pelo desenvolvimento da Califórnia nos últimos 70 anos; o seu isolamento relativo e a pequena dimensão da população tornam as ovelhas selvagens do deserto especialmente vulneráveis à perda de diversidade genética e à consanguinidade, o que é ainda agravado pela fragmentação do habitat (Creech et al., 2014). Entre 30 e 80 por cento do total das populações de carneiros selvagens do deserto foram extirpadas desde a década de 1940; no deserto de Mojave, estima-se que quase 40 por cento das populações de carneiros selvagens do deserto tenham desaparecido no final do século XX (Clinton et al., 2004; Creech et al., 2014). O declínio da população e as extinções locais são em grande parte o resultado da invasão do uso da terra e da competição do gado por recursos, bem como da propagação de doenças do gado (Clinton et al., 2004).

Listada como ameaçada ao abrigo das ESAs federal e estatal, a tartaruga do deserto é mais uma espécie sensível que, tal como o próprio ecossistema do deserto, é particularmente suscetível aos impactos humanos. A tartaruga do deserto é um pequeno réptil - a sua carapaça varia entre 18 e 27 centímetros de comprimento - com taxas de reprodução lentas devido à sua idade relativamente tardia de maturidade sexual (ou seja, a tartaruga atinge a maturidade sexual entre 13 e 20 anos) (Averill-Murray et al., 2012). A tartaruga do deserto é extremamente sensível à fragmentação do habitat, especialmente à fragmentação resultante de corredores de transporte (Penrod et al., 2012). A morte por atropelamento, em particular, é uma grande ameaça, uma vez que as estradas fragmentam e restringem diretamente o movimento entre indivíduos e populações. Na região desértica da Califórnia, a espécie, tal como a ovelha selvagem do deserto, está a ficar cada vez mais isolada e a sofrer uma perda de diversidade genética devido à consanguinidade (Penrod et al., 2012). A conservação e o sucesso desta espécie dependem em grande medida das áreas protegidas e dos esforços de conservação, e a qualidade do habitat da tartaruga do deserto, mesmo em áreas preservadas, pode ser afetada pelos usos do solo vizinhos (Averill-Murray et al., 2013).

Embora historicamente existissem mais de 150 tartarugas do deserto por quilómetro quadrado em algumas áreas, em 1990 foram registados declínios de mais de 20% nas populações locais - e até 90% das fêmeas adultas em algumas populações (Averill-Murray et al., 2012).

O esquilo terrestre de Mohave, listado como "ameaçado" ao abrigo da ESA da Califórnia e "em perigo" ao abrigo da ESA federal, é também vulnerável à perda e fragmentação do habitat, bem como à utilização de veículos todo-o-terreno e a operações agrícolas (Penrod et al., 2012). A espécie, que se encontra apenas no oeste do deserto de Mojave, reside em comunidades planas e abertas de matagais e bosques do deserto, bem como em lavadouros do deserto e dunas de areia, e depende da disponibilidade de água para a reprodução e abundância da população (Penrod et al., 2012). Embora algumas populações abundantes existam esporadicamente em toda a região, as populações estão geograficamente isoladas; por conseguinte, a fragmentação do habitat levou ao declínio da população e à perda de diversidade genética (Penrod et al, 2012). As ameaças potenciais incluem o desenvolvimento urbano e rural e o desenvolvimento de infra-estruturas de transporte e energia na sua área de distribuição. Em particular, a procura de infra-estruturas renováveis na região desértica da Califórnia tem o potencial de fragmentar, degradar e reduzir ainda mais o habitat do esquilo terrestre de Mohave.

3.2 Ameaças à preservação do deserto da Califórnia: Movimento das energias renováveis Os ecossistemas do deserto são particularmente frágeis e os impactos resultantes da fragmentação do habitat , do desenvolvimento urbano, da recreação motorizada e de outras perturbações antropogénicas são duradouros, sendo que os processos de restauração natural demoram décadas ou mais. A região desértica da Califórnia, embora muito menos povoada do que as regiões costeiras da Califórnia, suporta muitos usos da terra, incluindo reservas, usos militares, agricultura, mineração e turismo (California Energy Commission et al., 2014). É também uma região atravessada por muitas auto-estradas estatais e inter-estatais. Uma das principais causas do declínio regional das espécies nativas é a fragmentação do habitat; a paisagem desértica, outrora subdesenvolvida, é agora atravessada por barreiras à vida selvagem que evoluiu com a capacidade de se deslocar livremente pela região (Penrod et al., 2012). Embora a região tenha muitas pressões antropogénicas que afectam o sucesso do planeamento da preservação, os habitats naturais e as espécies dos desertos do sudoeste são especialmente vulneráveis aos impactos das infra-estruturas, à medida que o Estado corre para os seus objectivos em matéria de energias renováveis. A região desértica é apelativa para os prospectores de desenvolvimento de energias renováveis porque oferece algumas das melhores condições para

que produzem eletricidade solar, eólica e geotérmica no mundo (California Energy Commission et al., 2014). No entanto, o desenvolvimento das energias renováveis pode entrar em conflito com a natureza selvagem nos ecossistemas áridos da região, que contêm uma elevada biodiversidade e concentrações de espécies sensíveis que já estão sob pressão das alterações climáticas e antropogénicas (Lovich e Ennen, 2011).

Num movimento para reduzir as emissões de carbono, as energias renováveis nos EUA estão a ser desenvolvidas a um ritmo sem precedentes para reduzir a utilização da combustão de combustíveis fósseis na produção de energia. Em setembro de 2015, foi promulgada a Lei da Energia Limpa e da Redução da Poluição de 2015, ou Projeto de Lei do Senado (SB) 350, que estabelece um novo conjunto de objectivos em matéria de energia limpa, ar limpo e redução da poluição para 2030 e anos seguintes. A lei exige que a quantidade de eletricidade produzida e vendida a partir de recursos energéticos renováveis aumente para 50 por cento de toda a carteira de energia do Estado até 31 de dezembro de 2030. Trata-se de um aumento do objetivo da Norma da Carteira de Energias Renováveis (RPS) do estado de 33% até 2020, que foi estabelecido pela SB 2 em 2011. Para além do movimento do estado no sentido do desenvolvimento de energias renováveis, a Lei Nacional de Política Energética de 2005 estabeleceu objectivos para a produção de energias renováveis. Foram estabelecidos objectivos específicos para a produção especificamente em terras públicas, para os quais o BLM tem estado a trabalhar (California Energy Commission, 2014).

Em 2013, o BLM tinha identificado mais de 9,8 milhões de acres de terras públicas potencialmente desenvolvíveis para o desenvolvimento de energia solar na Califórnia e no Nevada (Averill-Murray et al., 2013). Os projectos concebidos para cumprir os objectivos crescentes em matéria de energias renováveis já foram aprovados pelo BLM em terras federais e, embora se trate de um ganho positivo no apoio às energias limpas e à redução da poluição atmosférica, mais de 400 000 acres destes projectos aprovados encontram-se na área de distribuição de espécies ameaçadas e em perigo de extinção, como a tartaruga do deserto (Averill-Murray et al., 2013). Em 2005, o BLM concluiu uma Declaração de Impacto Ambiental Programática (PEIS) para o seu programa de desenvolvimento de energia eólica para esses projectos. Em 2008, foi também elaborado um PEIS para o acesso e desenvolvimento de energia geotérmica renovável nas terras administradas pelo BLM. Além disso, o BLM está a trabalhar em conjunto com o Departamento de Energia para desenvolver um PEIS para um programa de desenvolvimento de energia solar aplicável a novos projectos de energia solar em terras do BLM em seis estados do sudoeste, incluindo a Califórnia (California Energy Commission et al., 2014). Os PEISs do BLM para cada um dos três programas de desenvolvimento de energia renovável orientarão ou já orientam as medidas de mitigação de licenciamento para projectos aplicáveis, em apoio aos esforços nacionais de produção de energia renovável (California Energy Commission, 2014). Uma vez que o BLM opera ao abrigo do mandato de utilização múltipla, estes esforços em matéria de energias renováveis exigem a consideração de alterações na afetação da utilização da terra nas áreas de conservação do deserto geridas pelo BLM.

Embora a proposta de lei DCRA da Califórnia inclua um ganho substancial em áreas selvagens para a região desértica da Califórnia, também facilita a crescente pressão para o desenvolvimento de energias renováveis nas regiões desérticas. O projeto de lei desloca potencialmente vários desenvolvimentos de energia solar de novas áreas protegidas do deserto, mas dá às empresas de energia solar a oportunidade de relocalização, algumas das quais em áreas rodeadas por parques nacionais e zonas selvagens (Feinstein, 2015). O DCRA também previa direitos de passagem de linhas de transmissão que atravessam monumentos nacionais para levar a energia solar da sua fonte aos clientes de energia. Estes direitos de passagem de energia estão proibidos nas zonas selvagens, mas podem ainda assim afetar substancialmente o movimento das populações de plantas e animais selvagens em toda a região, causando paisagens permanentemente fragmentadas e impactos temporários, mas intensivos, na construção.

As agências estatais e federais reconheceram que o impulso para as energias renováveis na região desértica da Califórnia entra em conflito com os esforços de conservação do habitat e da vida selvagem. Consequentemente, a Comissão de Energia da Califórnia, o Departamento de Pesca e Vida Selvagem da Califórnia, o BLM e o USFWS prepararam o Projeto de Plano de Conservação das Energias Renováveis do Deserto (DRECP), que proporcionará um quadro de licenciamento simplificado para projectos de energia nos próximos 30 anos. A área de planeamento do DRECP, apresentada na

Figura 3: Projeto de Plano de Conservação das Energias Renováveis do Deserto, abrange as partes californianas dos desertos de Mojave e de Sonora. O Projeto de Relatório de Política Energética de 2015 da Comissão de Energia da Califórnia identificou o DRECP como o "progresso mais notável" na identificação de áreas para a distribuição e produção de desenvolvimento de energias renováveis à escala dos serviços públicos.

O DRECP irá também planear a conservação a longo prazo de espécies vegetais e selvagens em mais de 22,5 milhões de acres da região desértica da Califórnia nos próximos 25 anos (California Energy Commission et al., 2014). Na área de planeamento do DRECP, existem centenas de milhares de acres de natureza selvagem e são propostos mais de 420 000 acres de natureza selvagem nova ou alargada. O DRECP inclui a Emenda ao Plano de Utilização de Terras do BLM, que abrange quase 10 milhões de acres de terras do BLM e estabelece orientações de gestão para actualizações da utilização de terras que promovem o desenvolvimento de energias renováveis e de transmissão (California Energy Commission et al., 2014). As áreas selvagens e as WSAs nas terras do BLM estão excluídas das autorizações de utilização da terra devido ao seu estatuto de preservação.

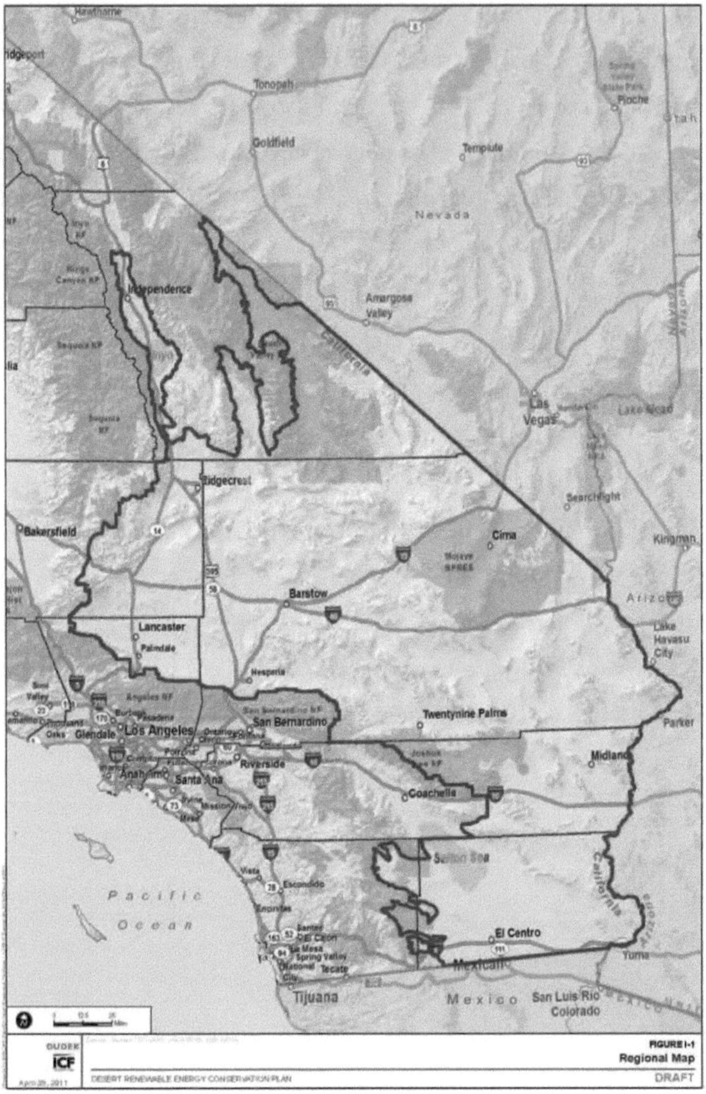

Figura 3: Projeto de Área do Plano de Conservação das Energias Renováveis do Deserto

Fonte: Comissão de Energia da Califórnia et al., 2014

Embora o DRECP trate de terras com caraterísticas de natureza selvagem, os comentários ao Projeto de Relatório de Impacto Ambiental/Declaração de Impacto

Ambiental do DRECP manifestaram a preocupação de que não foi feito o suficiente para proteger ou avaliar as terras com caraterísticas de natureza selvagem que poderiam ser afectadas. Por exemplo, a Wilderness Society sugeriu que fosse incluída no EIR/EIS final uma série de alternativas que identificassem claramente todas as terras com caraterísticas de natureza selvagem, de acordo com os manuais 6310 e 6320 da BLM. A Wilderness Society também apresentou comentários sobre as terras que o BLM identificou como não tendo caraterísticas de natureza selvagem, afirmando que algumas áreas deveriam ser reconsideradas. Além disso, a California Wilderness Coalition identificou mais de 1 milhão de acres de áreas adicionais que satisfazem os critérios de caraterísticas de natureza selvagem, afirmando que o BLM avaliou incorretamente estas terras como não sendo de natureza selvagem.

As alterações climáticas são uma das preocupações ambientais mais iminentes e de maior alcance. A Califórnia já está a sentir os seus efeitos sob a forma de incêndios florestais, tempestades, inundações e ondas de calor mais extremos, que estão a causar enormes impactos na saúde humana, ecológicos e económicos (California Energy Commission, 2015). A redução das emissões de gases com efeito de estufa através da mudança de energia baseada em combustíveis fósseis para fontes de energia renováveis é fundamental nos esforços do Estado e da nação para travar as alterações climáticas. Não é viável nem desejável proibir projectos de infra-estruturas de energias renováveis na região desértica da Califórnia; no entanto, continua a ser importante ter em conta a evolução do cenário energético durante o planeamento da preservação, em especial no planeamento da natureza selvagem. Os recursos renováveis na Califórnia apoiarão substancialmente os objectivos do estado e da nação na abordagem das alterações climáticas, reduzindo a dependência de fontes de energia que emitem gases com efeito de estufa (California Energy Commission et al., 2014).

No entanto, esta procura crescente de desenvolvimento energético provoca uma necessidade urgente de rever o planeamento da preservação na região do deserto da Califórnia. Não há provas suficientes de que o desenvolvimento de energias renováveis nesta região seja compatível com a vida selvagem, e isto é particularmente verdade para espécies sensíveis como a tartaruga do deserto (Lovich e Ennen, 2011). Embora os novos grandes projectos de infra-estruturas sejam geralmente proibidos de atravessar as fronteiras das zonas selvagens, estes projectos podem ter um grande impacto na qualidade do habitat das terras não selvagens circundantes e podem diminuir a conetividade global das paisagens do deserto a uma escala maior. O desenvolvimento de infra-estruturas energéticas também tem o potencial de impedir que as áreas sejam elegíveis como zonas selvagens (por exemplo, reduziriam a capacidade da área para cumprir o requisito "sem obstáculos humanos") quando, de outra forma, poderiam ter sido um complemento estratégico para a conetividade das zonas selvagens ou ecologicamente importantes para as terras no âmbito do NWPS.

Os planeadores da natureza selvagem devem tentar continuar a expandir o NWPS de forma a minimizar os efeitos devastadores que a fragmentação adicional do habitat terá nas suas terras existentes e potenciais. Esforços como os do DRECP provam que a Califórnia está à procura de um compromisso entre os objectivos das energias renováveis e os da conservação do deserto. As secções que se seguem introduzem um conceito que se verificou apoiar a persistência da diversidade de espécies e a saúde dos ecossistemas. Este conceito - conetividade ecológica - pode ser utilizado como uma ferramenta de planeamento da preservação à medida que mais projectos de energias renováveis são trazidos para o deserto da Califórnia. O NWPS - a forma mais elevada de preservação disponível nos EUA - ainda não incorpora diretamente esses objectivos de conservação biológica e ecológica que podem ser cruciais para manter ecossistemas saudáveis na região selvagem do deserto da Califórnia.

4 CONECTIVIDADE ECOLÓGICA NA NATUREZA SELVAGEM PLANEAMENTO DA PRESERVAÇÃO

Os estudos de conservação e ecologia utilizam normalmente limites definidos quando se referem a ecossistemas (Vimal et al., 2012). No entanto, antes da invasão urbana, os ecossistemas do deserto da Califórnia estavam outrora ligados e actuavam como um sistema ecológico fluido. O desenvolvimento urbano na região desértica da Califórnia, incluindo estradas e infra-estruturas lineares, perturbou a integridade funcional da região desértica, fragmentando grandes áreas de habitat em manchas mais pequenas e isoladas, que são mais susceptíveis à extinção local e à propagação de espécies não nativas (Penrod et al., 2012). Recentemente, os estudiosos da biologia da conservação reconheceram que a escala espacial dos processos ecológicos ultrapassa as fronteiras protegidas, e o conceito de ligações ecológicas tornou-se uma caraterística importante no planeamento da preservação (Vimal et al., 2012). As subsecções seguintes discutem a forma como o conceito de conetividade ecológica pode ser utilizado para preservar os corredores naturais necessários à persistência das espécies e à preservação da biodiversidade vegetal e selvagem na região desértica da Califórnia.

4.1 Visão geral dos conceitos de conetividade ecológica

Embora os impactos diretos causados pelas actividades de invasão humana, recreio e extração de recursos possam ser evitados nas terras protegidas da NWPS, os impactos indirectos das utilizações vizinhas da terra são mais difíceis de evitar. A fragmentação do habitat pode afetar as populações de plantas e de animais selvagens nas áreas selvagens - em especial as populações que migram para dentro e para fora dos limites das áreas selvagens - e pode impedir que as terras não protegidas se tornem áreas selvagens. Além disso, a ameaça das alterações climáticas aos ecossistemas existentes - independentemente do estatuto de proteção da terra - é eminente. A combinação da fragmentação do habitat e das alterações climáticas é especialmente ameaçadora para as populações de plantas e animais selvagens nativos, uma vez que os organismos são impedidos de sair de áreas que já não oferecem um habitat adequado (Baranyi et al., 2011). No entanto, há provas de que o aumento da dimensão, do número e da conetividade das redes de terras conservadas pode aumentar a resiliência das zonas selvagens (Hole et al., 2009).

A conetividade ecológica é o conceito de que sistemas preservados grandes e conectados são melhores para manter a função do ecossistema, a persistência de espécies e/ou a biodiversidade do que áreas preservadas pequenas e dispersas (Tewksbury et al., 2002; Araùjo et al., 2004; Hole et al., 2009; Baranyi et al., 2011). A Figura 4: da conetividade ecológica Ilustração apresenta um desenho simples de "manchas de habitat" menos ligadas e de manchas de habitat mais ligadas para demonstrar o conceito. A ligação de ecossistemas em paisagens maiores é essencial, se não necessária, para a dispersão sazonal e geracional de espécies, fluxo genético, migração, dispersão de sementes e resposta da população a perturbações ou alterações climáticas (Penrod et al., 2012; Creech et al., 2014). Embora o número de paisagens intocadas disponíveis para preservação continue a diminuir em número e tamanho, a incorporação da conetividade ecológica nas áreas já protegidas ou planeadas para proteção ligará espécies e habitats de plantas e animais selvagens isolados e contribuirá para a sua persistência (Baranyi et al., 2011). Ao utilizar o conceito de conetividade no planeamento da natureza selvagem, o NWPS pode ser utilizado para continuar a utilizar a definição de natureza selvagem do Wilderness Act, bem como abordagens mais modernas à preservação (por exemplo, biodiversidade, habitat e preservação do ecossistema). As subsecções seguintes fornecem mais explicações sobre os benefícios da utilização de conceitos de conetividade ecológica no planeamento da preservação.

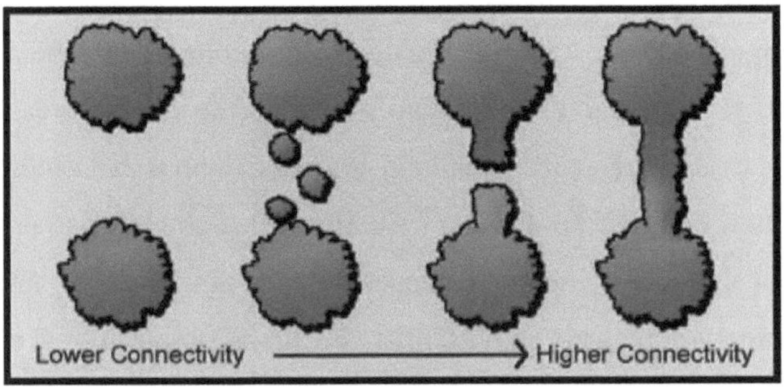

Figura 4: Ilustração da conetividade ecológica Fonte: USDA, 2015

4.2 Benefícios da conetividade ecológica para a saúde das populações de espécies

As distribuições espaciais da vida selvagem e das espécies vegetais nos ecossistemas não são estáticas; pelo contrário, os ecossistemas são sistemas dinâmicos que ocorrem em escalas alargadas, com populações de espécies que flutuam ao longo do tempo e do espaço (Araùjo et al., 2004; Vimal et al., 2012; Leroux e Rayfield, 2014). O movimento - incluindo padrões diários de movimento para alimentação, abrigo e reprodução; dispersão geracional da prole; e migração sazonal - é essencial para a persistência da vida selvagem (Penrod et al., 2012). Além disso, à medida que as populações locais se extinguem, quer por causas antropogénicas quer naturalmente, novas espécies deslocam-se e mudam o seu alcance geográfico para se recolonizarem (Penrod et al., 2012). As áreas preservadas que não fornecem ligações ecológicas em toda a paisagem não permitem que as populações continuem estes fluxos e refluxos naturais associados aos movimentos diários, sazonais e geracionais das espécies.

A fragmentação do habitat é uma das principais razões pelas quais muitas áreas protegidas pequenas e/ou isoladas são ineficazes. Quando uma paisagem é fragmentada por utilizações urbanas ou outras utilizações humanas, as espécies vegetais e selvagens não conseguem escapar a áreas de habitat que já não são adequadas (Baranyi et al., 2011). O planeamento de áreas conservadas de modo a incluir ligações estratégicas que permitam trocas biológicas contínuas em paisagens de grande escala pode atenuar os efeitos da fragmentação.

As populações ligadas entre si são menos susceptíveis à extinção local e regional do que as populações isoladas (Penrod et al, 2012). A proteção destas ligações ecológicas tem mostrado efeitos positivos na biodiversidade e na persistência dos ecossistemas naturais (Saura e Pascual-Hortal, 2007). Por exemplo, a conexão de áreas preservadas com um corredor preservado pode ter efeitos benéficos significativos sobre a capacidade das espécies de plantas de persistir e até mesmo aumentar sua área de distribuição em áreas que são limitadas por usos hostis da terra, como o desenvolvimento urbano (Tewksbury et al., 2002). As populações que não têm a capacidade de se deslocar entre habitats adequados tornam-se mais susceptíveis a extinções locais; sem ligações a habitats adequados noutros locais, não é possível escapar ou deslocalizar-se na sequência de incêndios, inundações, doenças e outras adversidades (Penrod et al., 2012).

Além disso, um estudo de 2002 realizado por Tewksbury et al. concluiu que espécies vegetais selecionadas em paisagens de grande escala com corredores que ligam áreas de habitat protegidas apresentaram um aumento da dispersão de frutos e sementes, o que teve efeitos positivos no fluxo genético e na dinâmica populacional das espécies. A preservação da conetividade dos habitats também tem efeitos positivos no fluxo genético das populações de animais selvagens, permitindo mudanças naturais de distribuição devido a alterações ou condições ambientais sazonais (Averill-Murray et al., 2013; Creech et al. 2004). O estudo de 2002, anteriormente mencionado, também identificou que a ligação das áreas protegidas beneficia igualmente os animais terrestres, as aves e os insectos voadores, facilitando o movimento das espécies e das populações e mantendo relações mutualistas inter-espécies fundamentais (Tewksbury et al., 2002). Embora o estudo acima mencionado se tenha centrado em áreas mais pequenas, a equipa de investigação previu que os efeitos dos corredores teriam benefícios demográficos e genéticos ainda maiores a escalas maiores, onde a circulação entre habitats protegidos se torna cada vez mais rara.

Os desertos californianos albergam muitas espécies sensíveis de plantas e animais selvagens que exigem uma atenção especial às populações locais no planeamento da conservação. Tal como já foi referido, a preservação da conetividade dos habitats tem efeitos positivos na persistência e abundância das espécies através do incentivo ao fluxo genético nas populações de vida selvagem e ao permitir mudanças naturais de distribuição devido a condições ambientais sazonais ou variáveis. Isto é especialmente importante no contexto dos ecossistemas desérticos, porque as populações de espécies vegetais e selvagens tendem a ser de baixa densidade e a dispersar-se por uma área maior.

A conetividade é também crucial para a existência contínua de muitas espécies sensíveis e ameaçadas de extinção. Por exemplo, a tartaruga do deserto - uma espécie de vida selvagem ameaçada - requer grandes corredores entre áreas de conservação para se deslocar para um habitat adequado, em vez de uma faixa estreita de ligações, devido à sua suscetibilidade aos usos do solo circundante (Averill-Murray et al., 2013). A largura dos corredores para a tartaruga do deserto muitas vezes deve ser substancialmente maior do que o diâmetro de sua área de vida para proporcionar uma ligação bem-sucedida entre habitats quando cercados por usos humanos da terra (Averill-Murray et al., 2013). As zonas selvagens oferecem proteção contra muitas das utilizações que contribuíram para o declínio da tartaruga do deserto, incluindo o desenvolvimento urbano, estradas e construção de infra-estruturas energéticas. Por conseguinte, a ligação de zonas de natureza selvagem ao longo de uma paisagem geográfica mais vasta poderá ter efeitos positivos na deslocação desta espécie do deserto.

A ligação de habitats é também um conceito importante no planeamento para a conservação da ovelha selvagem do deserto, como mostra a publicação de 2014, "Using network theory to prioritize management in a desert bighorn sheep metapopulation", de

Creech el al. As recomendações do grupo centraram-se no facto de a existência de habitats interligados ser essencial para a recolonização das ovelhas selvagens do deserto. Outras fontes apoiam esta afirmação, concluindo que a falta de conetividade causada pelo desenvolvimento urbano e pelas auto-estradas na paisagem desértica da Califórnia teve repercussões a longo prazo na persistência, recolonização e diversidade genética da ovelha bighorn do deserto (Campbell, 2001). Uma vez que o habitat principal da ovelha selvagem do deserto - onde as espécies residem, forrageiam e se reproduzem - permanece em grande parte intacto (por exemplo, áreas montanhosas do deserto, muitas das quais estão protegidas de alguma forma), são as áreas circundantes que suscitam maior preocupação (Creech et al., 2014). O habitat plano e desértico circundante foi largamente fragmentado por auto-estradas, infra-estruturas, urbanização e outras utilizações humanas intensivas, e as populações de carneiros selvagens do deserto ficaram isoladas sem ligações entre populações ou novos habitats adequados. Estas ligações são pertinentes para a sobrevivência a longo prazo das populações, caso o habitat atual se degrade ou as suas populações se tornem demasiado pequenas para persistirem. Prevê-se que a proteção das áreas ligadas existentes que permitem a dispersão natural dos animais tenha um efeito positivo na persistência da população e na diversidade genética do carneiro selvagem do deserto (Creech et al., 2014).

O esquilo terrestre de Mohave é outra espécie selvagem ameaçada da região desértica da Califórnia, e as populações estão ameaçadas tanto pela fragmentação da paisagem como pelo crescente desenvolvimento de infra-estruturas de energia solar e eólica na região.

Um estudo de 2010 realizado por Bell e Matocq analisou as ligações genéticas regionais entre populações de esquilo terrestre de Mohave em todo o estado da Califórnia. O estudo encontrou padrões nas distribuições genéticas que indicam que os esquilos terrestres de Mohave têm historicamente migrado através das paisagens, provavelmente em resposta a alterações climáticas que alteram a disponibilidade de habitat adequado (Bell e Matocq, 2010).

A conetividade nos ecossistemas desérticos tem apoiado historicamente as populações ao longo das gerações, permitindo que os organismos migrem de e para áreas à medida que a qualidade do habitat se degrada e renova, muitas vezes ao longo de extensas paisagens geográficas. Como tal, a preservação da conetividade é hoje especialmente importante para a persistência das populações de espécies numa região que tem sido invadida por múltiplas utilizações humanas.

4.3 Movimento das espécies e alterações climáticas

Prevê-se que as alterações climáticas tenham efeitos em grande escala na dinâmica das populações de espécies, incluindo mudanças de distribuição (geralmente para norte) em populações inteiras de espécies vegetais e selvagens e na abundância de espécies presentes numa determinada área (Burns et al., 2003; Araùjo et al., 2004; Clinton et al., 2004). Algumas espécies de vida selvagem já registaram alterações significativas na distribuição da sua área de distribuição, provavelmente em resposta ao aquecimento das temperaturas resultante das alterações climáticas (Burns et al., 2003). Os habitats desérticos podem estar ainda mais em risco. Prevêem-se condições mais quentes e secas nalgumas áreas, como nos desertos do sudoeste, levando a secas mais severas e consequentes impactos nas comunidades de plantas e de vida selvagem (Clinton et al., 2004).

Especificamente, uma análise de 2003 conduzida por Burns et al. concluiu que, se os actuais níveis de dióxido de carbono atmosférico duplicassem, a maioria dos parques nacionais perderia, em média, pouco mais de 8% das actuais espécies de mamíferos, com alguns parques a perderem até 20%. A deslocação das espécies actuais para fora das áreas protegidas não é o único impacto potencial que as alterações climáticas trarão às reservas; a deslocação de espécies que não se encontravam anteriormente em áreas protegidas também representa uma ameaça para estes ecossistemas. A entrada de novas espécies provenientes de outros locais, devido ao aquecimento das temperaturas, pode alterar as interações existentes entre as espécies nas áreas protegidas, trazendo uma nova competição pelos recursos e novas relações predador-presa (Burns et al., 2003). Além disso, espera-se que as espécies vegetais e selvagens apresentem mudanças significativas na época de reprodução, floração e/ou migração, geralmente ocorrendo mais cedo em resultado das temperaturas mais quentes atribuídas às alterações climáticas (Burns et al., 2003).

A análise de 2003 que previu perdas de espécies de mamíferos também concluiu que os parques com uma mistura heterogénea de tipos de habitat, como o Parque Nacional de Yellowstone (ou seja, florestas e habitats alpinos), têm mais probabilidades de manter as espécies que se encontram atualmente dentro dos seus limites (Burns et al., 2003). Uma vez que os habitats do deserto californiano não oferecem a mesma vegetação densa e a mesma concentração de diferentes tipos de habitat, as espécies do deserto podem ser mais dramaticamente afectadas pelas alterações climáticas. Os parques mais meridionais estudados na análise de 2003 deverão registar a maior perda de diversidade de mamíferos, embora nenhum destes parques se situe na região desértica da Califórnia.

Embora os efeitos das alterações climáticas nos ecossistemas pareçam assustadores, um estudo europeu de 2004 previu que, com base nas previsões de alterações climáticas, 93% das espécies incluídas no seu estudo manteriam um certo grau de sobreposição nas suas distribuições actuais e futuras. Nos casos em que existe sobreposição das áreas de distribuição actuais e futuras das espécies, é mais provável que estas persistam face às alterações climáticas.

A conetividade das áreas de distribuição actuais e futuras, ou ecossistemas, permite uma possibilidade ainda maior de persistência das espécies. Além disso, para as espécies que não têm distribuições actuais e futuras sobrepostas, a extinção é mais provável quando os ecossistemas actuais não estão ligados. Por conseguinte, a persistência só é garantida se as espécies forem capazes de se deslocar entre habitats adequados através de ligações preservadas ao longo das suas áreas de distribuição (Araùjo et al., 2004).

A incerteza quanto à persistência das espécies, incluindo a ameaça de extinção de espécies, associada às alterações climáticas, pode ser resolvida garantindo que as áreas protegidas proporcionem habitat adequado e conetividade com outras áreas protegidas com habitat adequado (Araùjo et al., 2004). Além disso, embora os habitats actuais de muitas espécies se transformem em habitats inadequados ou marginais devido às tendências de aquecimento, poderão surgir novos habitats adequados para espécies sensíveis em habitats anteriormente inadequados ou marginais (Araùjo et al., 2004). Este seria mais um dos benefícios de um sistema de natureza selvagem conectado e alargado face às alterações climáticas, uma vez que um sistema conectado permitiria às espécies deslocarem-se para novos habitats, escapando a áreas que já não são adequadas à sua sobrevivência.

As alterações climáticas podem degradar certos habitats existentes, induzindo condições mais quentes e secas, diminuindo a disponibilidade de habitats adequados para espécies já caracterizadas por pequenas dimensões populacionais e baixas taxas de dispersão (Clinton et al., 2004). Por exemplo, as populações de ovelhas selvagens do deserto já se aperceberam dos efeitos adversos das alterações climáticas. Um estudo efectuado em 2004 por Clinton et al. concluiu que as populações de ovelhas selvagens do deserto em altitudes mais baixas têm mais probabilidades de se extinguirem à medida que as fontes de água secam e as fontes de alimento se tornam menos disponíveis e com menor valor nutricional. Não só as ovelhas selvagens do deserto são susceptíveis de um futuro declínio populacional induzido pelas alterações climáticas , como o aquecimento das temperaturas médias já afectou a sua distribuição na Califórnia (Clinton et al., 2004).

Embora os desertos californianos estejam de certa forma ligados por uma estrutura de terras preservadas, que vão desde monumentos nacionais a áreas selvagens, a região está fragmentada por estradas, bolsas de desenvolvimento e infra-estruturas energéticas. As protecções das áreas selvagens são a forma mais elevada de preservação da terra nos EUA; no entanto, as próprias áreas selvagens podem não proporcionar uma proteção adequada a longo prazo no que diz respeito à biodiversidade se os seus limites não forem traçados tendo em conta o contexto da região geográfica mais vasta ou dos ecossistemas vizinhos. Um sistema de preservação mais bem interligado - em especial os que estão ligados com base na distribuição geral das espécies e nas relações entre ecossistemas - proporcionará ecossistemas desérticos mais resistentes face às alterações climáticas. A criação de um sistema mais interligado de áreas selvagens pode ser a melhor opção para manter a biodiversidade e permitir a persistência das espécies, à medida que a invasão humana e as infra-estruturas de energias renováveis continuam a progredir e que as alterações climáticas forçam as populações de plantas e de animais selvagens a sair das suas áreas históricas.

A conetividade da vida selvagem na região desértica da Califórnia recebeu recentemente atenção através da DCRA, a proposta de legislação da Califórnia anteriormente discutida que, se aprovada, acrescentará novas e alargadas áreas selvagens. O DCRA afirma que o BLM deve "estabelecer políticas e procedimentos para garantir a preservação dos corredores de vida selvagem e facilitar a migração de espécies susceptíveis de ocorrer devido às alterações climáticas" (DCRA, 2015). Embora o projeto de lei inclua os direitos de passagem de vários transportes e energia no novo monumento e outras protecções menores, não permite especificamente esses direitos de passagem na natureza selvagem que pretende designar. Além disso, o facto de o DCRA reconhecer a necessidade de conetividade ecológica e de agir no sentido de garantir a persistência da natureza selvagem face às alterações climáticas constitui uma melhoria substancial dos esforços em matéria de política de natureza selvagem.

5 APLICAÇÃO DA CONECTIVIDADE ECOLÓGICA À NATUREZA SELVAGEM

"O futuro do nosso legado selvagem depende do facto de as áreas naturais remanescentes estarem funcionalmente ligadas como parte de uma grande rede de espaços abertos. " -A Linkage Networkfor the California Deserts

Um estudo de 2015 identificou todos os diferentes tipos de ecossistemas nos EUA - um total de 565 ecossistemas - e quantificou quantos desses ecossistemas estavam representados por áreas selvagens designadas (Dietz et al., 2015). O estudo concluiu que o atual NWPS não oferece uma representação justa dos tipos de ecossistemas que os EUA têm para oferecer. De facto, o estudo concluiu que o NWPS sub-representa toda a diversidade de ecossistemas encontrada nas terras federais como um todo (Dietz el al., 2015). Além disso, a capacidade dos gestores de áreas selvagens para manter e proteger os ecossistemas dentro dos seus limites, à medida que as alterações climáticas alteram as distribuições geográficas e os padrões de comportamento, é ambígua (Burns et al., 2003). Na região desértica da Califórnia, existe uma quantidade significativa de terras preservadas, incluindo as terras do NWPS. No entanto, mesmo as áreas selvagens existentes e outras terras preservadas, incluindo os recursos que suportam, podem ser irreparavelmente danificadas pela perda de ligações entre elas (Penrod et al., 2012). Introduzir e dar prioridade a uma componente ecológica obrigatória na definição legal de natureza selvagem permitiria à NWPS manter melhor as suas espécies actuais e proteger a sua biodiversidade futura.

Enquanto os planeadores da conservação centrados na biodiversidade estão a utilizar os conceitos de conetividade ecológica como uma prioridade nos seus esforços, os planeadores da preservação da natureza selvagem não estão. Orientados pelo Wilderness Act, os organismos que se ocupam da natureza selvagem devem, em vez disso, dar prioridade às definições estéticas de naturalidade durante o planeamento da preservação da natureza selvagem. A conservação da biodiversidade e a preservação da natureza selvagem não se excluem mutuamente, mas existem algumas diferenças importantes. A conservação da biodiversidade visa geralmente preservar uma mistura heterogénea de populações de plantas e animais selvagens nativos, justificada pela ciência e pelos serviços ecossistémicos, enquanto o planeamento da natureza selvagem visa geralmente preservar paisagens sem interferência humana, justificada por interesses estéticos (Sarkar, 1999). No entanto, a natureza selvagem que os americanos passaram a apreciar não pode existir sem a conservação sustentada das populações de plantas e de animais selvagens que nela se encontram. Como tal, os dois conceitos de conservação da biodiversidade e de preservação da natureza selvagem podem ser combinados num processo integrado de planeamento da natureza selvagem que preservará melhor a natureza selvagem como um todo. Assim, as subsecções que se seguem apresentam recomendações para a utilização da conetividade ecológica no planeamento da preservação da natureza selvagem, de modo a equipar melhor as agências responsáveis por esta área para a preservação a longo prazo dos ecossistemas funcionais, da biodiversidade e do valor estético e recreativo da região desértica da Califórnia.

4.4 Recomendações para a preservação da natureza selvagem

As áreas selvagens, uma vez designadas, requerem pouca ou nenhuma intervenção de gestão, são mais capazes de reter naturalmente a biodiversidade e são mais resistentes aos efeitos das alterações climáticas (Leroux e Rayfield, 2014). Ao aperfeiçoar ainda mais os processos de revisão das áreas selvagens para dar prioridade aos conceitos de conservação da biodiversidade, como a conetividade ecológica, o sistema de preservação de terras mais forte do país pode resistir melhor às ameaças das alterações climáticas e da fragmentação da paisagem. As áreas selvagens são menos ameaçadas pelas alterações do uso do solo circundante do que quaisquer outros tipos de áreas protegidas; isto pode dever-se, em grande medida, ao facto de a maioria das áreas selvagens estar rodeada por outras terras públicas e estar frequentemente localizada em terrenos montanhosos (Martinuzzi et al., 2015). Embora o NWPS tenha sido um meio bem sucedido de preservar o carácter selvagem do que resta das terras não urbanizadas do país, o processo de identificação e designação baseia-se num estatuto envelhecido. O Wilderness Act não abordou explicitamente a preservação ecológica, e não houve uma política ou objectivos substanciais para fazer avançar os processos de identificação de áreas selvagens para este objetivo.

Apesar de outros sistemas de preservação e esforços de conservação nos EUA darem prioridade à função ecológica, o NWPS é único na medida em que já está bem estabelecido, incluindo mais de 109 milhões de acres, e - o mais importante - fornece um tipo de proteção contra impactos humanos que outras áreas protegidas podem não ter (Wilderness Institute, et al., 2015). Como tal, o NWPS tem talvez o maior potencial de sucesso de preservação a longo prazo do que qualquer outro sistema de conservação. Tal como qualquer lei ou processo de planeamento, as práticas do NWPS devem ser constantemente revistas e adaptadas de acordo com as novas preocupações ambientais em constante mudança. Conforme discutido na Secção 4: Conectividade Ecológica no da Preservação da Natureza SelvagemPlaneamento , a conetividade ecológica proporciona muitos benefícios aos ecossistemas preservados que ajudam na persistência das espécies, incluindo:

- Fluxo genético (devido a uma maior capacidade de dispersão);
- Relocalização de habitats que tenham sido degradados pelas utilizações humanas ou que disponham de recursos inadequados; e
- Ligação das áreas de distribuição actuais e futuras induzidas pelas alterações climáticas.

Dar prioridade à conetividade ecológica na identificação de novas zonas selvagens para inclusão no NWPS reforçaria a capacidade dos ecossistemas e das espécies que os compõem para resistir aos efeitos cada vez maiores da fragmentação e das alterações climáticas, criando um NWPS mais resistente.

Os esforços de conservação da natureza selvagem devem centrar-se na preservação de áreas que contribuam para a conetividade ecológica global da NWPS como um todo. Uma vez que o NWPS é um sistema existente, embora a sua implementação seja complexa e variada, os conceitos de conetividade podem ser incorporados nos processos de revisão das áreas selvagens já existentes. As subsecções seguintes apresentam recomendações específicas, bem como desafios e soluções para a implementação da conetividade ecológica no planeamento da natureza selvagem.

5.1.1 Aplicação da conetividade ecológica à definição de natureza selvagem

As terras geridas pelo BLM incluem cerca de 20 por cento das espécies raras e em declínio presentes nos EUA (Dickson et al., 2014). Na região desértica da Califórnia, o BLM é o maior administrador de terras selvagens por área; por esta razão, as recomendações desta secção centram-se no processo de designação de terras selvagens do BLM. Para exemplificar as oportunidades disponíveis para o BLM na conservação do deserto da Califórnia, é apresentada na Figura 5 uma. visão geral da propriedade fundiária do BLM em comparação com as suas terras que foram designadas como zonas selvagens ou identificadas como WSAA Figura 6: Áreas de natureza selvagem da região do deserto da Califórnia apresenta as áreas de natureza selvagem e WSA do BLM no contexto do NWPS maior na região do deserto da Califórnia. O BLM, tal como as outras agências de áreas selvagens, utiliza uma abordagem a nível da agência para identificar áreas selvagens em vez de abordagens específicas a nível regional. Ao abrigo da FLPMA, o BLM identifica as terras sem estradas sob a sua gestão como WSAs. As WSAs são selecionadas com base nos três critérios obrigatórios da Wilderness Act:

- *Dimensão*: a zona é uma zona sem estradas com, pelo menos, 5 000 acres ou com uma dimensão suficiente

- *Naturalidade*: a zona foi essencialmente afetada por forças naturais e o mundo artificial não está presente

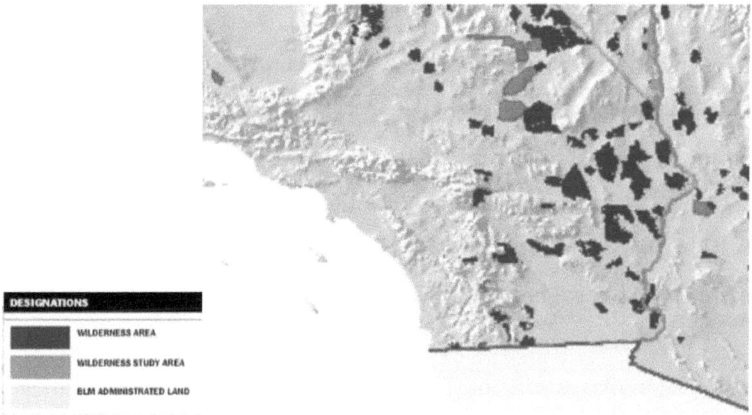

Figura 5: Terras BLM

Fonte: BLM, 2015

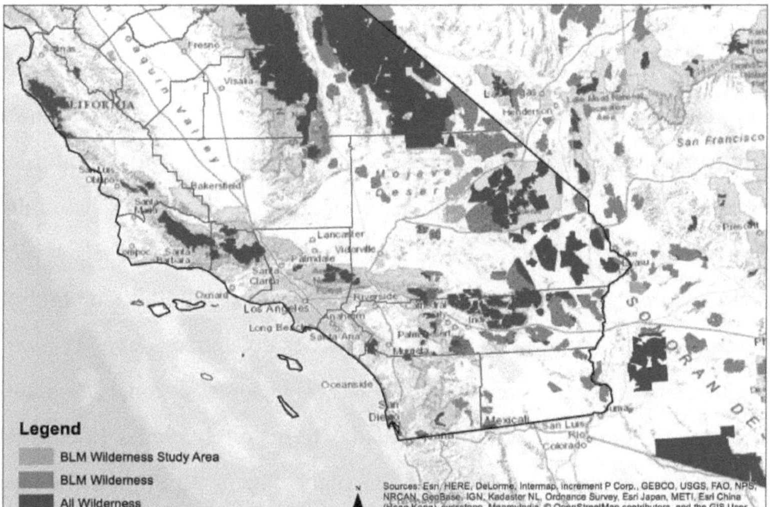

Figura 6: Áreas selvagens da região do deserto da Califórnia

Fonte de dados: BLM, 2015; Fonte do mapa: Lauren Kahal

- *Oportunidades*: a zona oferece oportunidades excepcionais para a solidão ou para tipos de actividades recreativas primitivas e não confinadas (BLM, 2015)

O quarto critério, facultativo, é o facto de o terreno poder ter outro valor, como o valor ecológico, geológico, cultural ou paisagístico.

Com base nas conclusões do presente documento, recomenda-se que o BLM exerça a sua autoridade para interpretar a Wilderness Act de forma ligeiramente diferente do status quo, a fim de assegurar a persistência das comunidades vegetais e da vida selvagem na NWPS, em especial na região desértica da Califórnia. O quarto elemento facultativo da Wilderness Act refere especificamente o valor ecológico como um valor potencial que uma região selvagem pode proporcionar. Por conseguinte, recomenda-se que o BLM dê prioridade aos seguintes novos critérios de designação de zonas selvagens como valor obrigatório na identificação de WSA e, eventualmente, na designação de zonas selvagens:

- *Conectividade ecológica*: a zona contribui para uma NWPS ecologicamente ligada ou promove de outro modo uma ligação ecológica entre habitats ou futuros habitats que são fundamentais para o êxito das espécies em toda a região.

Este novo critério de natureza selvagem não substitui nenhum dos critérios actuais. De facto, a sua inclusão promoveria uma abordagem de conservação integrada que visa preservar a terra para uma variedade de recursos, incluindo os que são valorizados pelos recreacionistas da natureza selvagem (por exemplo, solidão, caminhadas remotas, observação da vida selvagem) e os que são necessários para a sobrevivência a longo prazo das espécies (por exemplo, diversidade genética, caminhos de migração, ligações a novos habitats). A identificação das ligações ecológicas deve ser avaliada caso a caso e deve ter em conta as necessidades das populações regionais de plantas e de animais selvagens, bem como as utilizações das terras circundantes (incluindo os estatutos de natureza selvagem e de reserva). O planeamento de fronteiras de terras selvagens que proporcionem ou aumentem as ligações essenciais para certas espécies ameaçadas e em perigo de extinção pode ser uma prioridade para as agências de terras selvagens, em especial para o USFWS. No entanto, o BLM, como agência de utilização múltipla, tem muitas outras prioridades a considerar, mesmo no planeamento de áreas selvagens. Assim, para se manter fiel ao Wilderness Act, a conetividade ecológica não pode, por si só, constituir a decisão de traçar uma fronteira para a natureza selvagem.

Deve ser encontrado um equilíbrio entre o novo critério de conetividade ecológica e os três critérios obrigatórios actuais.

Uma vez que o BLM é o maior gestor de terras na região desértica da Califórnia, tem amplas oportunidades de aumentar o sistema de natureza selvagem existente na região de uma forma ecológica. O Manual 6310 do BLM - que fornece orientações sobre as caraterísticas da natureza selvagem para os planeadores de natureza selvagem da agência - deve ser atualizado com o novo critério. Como se mostra na Figura 4: Terras BLM, o que é atualmente uma série de áreas selvagens isoladas pode tornar-se um sistema mais interligado, uma vez que existem terras BLM não selvagens onde as ligações podem ser valiosas. A atualização do Manual 6310 poderia mudar o enfoque dos esforços de planeamento de áreas selvagens do BLM para identificar quais as terras federais que proporcionariam ligações ecológicas benéficas para o NWPS na região. Embora o BLM e os seus esforços de planeamento da natureza selvagem sejam pertinentes para a preservação dos desertos da Califórnia, o processo de planeamento da natureza selvagem deve ser aplicado pelas quatro agências para beneficiar toda a NWPS.

Para promover o conceito de conetividade ecológica na natureza selvagem em todas as agências gestoras, poderia ser criado um comité consultivo tático (TAC). O TAC incluiria funcionários responsáveis pela natureza selvagem de cada agência gestora encarregados de planear a aplicação do novo critério obrigatório. Cada agência pode incorporar o critério da conetividade ecológica de forma diferente, incluindo a forma de lhe dar prioridade na identificação e estudo de zonas selvagens potenciais. Por conseguinte, um TAC específico entre as agências ajudaria a alinhar os processos de designação de áreas selvagens das agências e a incorporar a conetividade ecológica na fase de planeamento. Além disso, as agências de áreas selvagens têm um centro de formação comum - o Arthur Carhart National Wilderness Training Center - onde o planeamento de áreas selvagens é uma das seis áreas de competência essenciais do programa de formação do NWPS. O centro de formação oferece uma plataforma adequada para o TAC coordenar as agências e formar os planeadores de áreas selvagens sobre a forma de implementar eficazmente um critério de áreas selvagens recentemente definido.

Quando o novo critério for efetivo, devem ser realizados estudos para determinar corredores ecológicos ou ligações com base num conjunto específico de espécies ou região, sempre que existam dados e lacunas de estudo. As áreas vitais de conetividade ecológica são tipicamente áreas de grande movimento da vida selvagem ou de vias de migração da vida selvagem e devem ser selecionadas local a local. É necessário determinar a melhor forma de traçar as fronteiras da natureza selvagem tendo como prioridade a conetividade ecológica. No entanto, os programas existentes podem ser utilizados como uma ferramenta para o processo na região desértica da Califórnia, uma vez que alguns estudos passados e actuais apresentam informações importantes sobre as ligações existentes em toda a região e para muitas espécies-chave na mesma. As subsecções seguintes apresentam essas fontes existentes que são valiosas para os planeadores da natureza selvagem e da preservação.

5.1.2 Incorporar os esforços existentes

Estão em curso esforços para promover a utilização da conetividade ecológica no planeamento da preservação. O Projeto de Conectividade Essencial de Habitats da Califórnia (CEHCP) fornece uma análise da conetividade em todo o estado para ser utilizada por planeadores de conservação e transportes. As várias agências públicas e especialistas envolvidos no projeto identificaram ligações ecológicas na Califórnia que ligam paisagens grandes e pequenas que incluem algum elemento de preservação (Spencer et al., 2010). Mais de 300.000 acres e 119.000 acres de áreas de conetividade essencial foram identificados nos desertos de Mojave e Sonora da Califórnia, respetivamente, contendo a maior dimensão em conetividade essencial em todas as eco-regiões da Califórnia (Spencer el al., 2010). Essas conexões ecológicas identificadas estão localizadas principalmente em terras BLM gerenciadas para usos múltiplos; 45% das conexões ecológicas identificadas na Califórnia estão localizadas em terras protegidas no Deserto de Mojave e 15% estão localizadas em terras protegidas no Deserto de Sonora (Spencer el al., 2010).

Um projeto mais específico que poderia contribuir para a conetividade ecológica no planeamento da região desértica da Califórnia é o Projeto de Conectividade do Deserto da Califórnia (CDCP), que é semelhante ao CEHCP, mas centrado especificamente nos desertos da Califórnia. Para o CDCP, foram identificadas ligações de conetividade de habitats fundamentais entre blocos de elevada integridade ecológica. O seu principal objetivo é identificar áreas onde a manutenção ou restauração da conetividade ecológica seria essencial para conservar os ecossistemas desérticos únicos e a vida selvagem na região desértica da Califórnia (Penrod et al., 2012). O CDCP reconhece a necessidade de melhores ferramentas para conservar verdadeiramente os ecossistemas do deserto face à invasão e fragmentação do uso humano da terra, bem como às alterações climáticas (Spencer el al., 2010).

As áreas de ligação identificaram ligações importantes para várias espécies-chave nas condições actuais, bem como ligações que têm em conta as condições futuras de alterações climáticas, considerando as mudanças que provavelmente ocorrerão nos habitats e na distribuição das espécies. O CDCP identifica muitas áreas de ligação na região desértica da Califórnia para espécies individuais de estatuto especial, bem como áreas de ligação que combinam as necessidades de muitas espécies e áreas de ligação que ligam tipos de habitat actuais a tipos de habitat futuros de acordo com as previsões de alterações climáticas. Podem também ser escolhidos corredores ecológicos para espécies "guarda-chuva"; as ligações de habitat identificadas para uma espécie-chave oferecerão benefícios semelhantes a outras espécies. Por exemplo, o CDCP analisou a tartaruga do deserto, entre outras espécies, e descobriu que a tartaruga do deserto é uma espécie "guarda-chuva" para outros répteis na região, incluindo a cobra-da-carruagem, a cobra brilhante, o lagarto com chifres do deserto, a lagartixa de banda ocidental e a cobra de nariz de folha (Penrod et al., 2012).

O programa identifica ligações ecológicas para uma série de benefícios, que podem ser utilizados pelos planeadores de áreas selvagens e podem ser adaptados a um resultado específico. Em particular, foram identificadas ligações para as principais espécies vegetais e selvagens sensíveis e protegidas na região desértica da Califórnia, incluindo as espécies selvagens ameaçadas e em perigo de extinção que foram discutidas anteriormente neste documento (ou seja, ovelhas selvagens do deserto, tartaruga do deserto e esquilo terrestre de Mohave). A vinte e duas espécies no total foi atribuída a sua própria "Área de Planeamento de Ligações"; estas ligações, ou conexões, foram escolhidas com os seguintes objectivos:

- *"Fornecer mais habitat de passagem para todas as espécies focais;*

- *Proporcionar habitat para espécies com distâncias de dispersão demasiado curtas para atravessar a ligação numa só vida;*

- *Proporcionar uma área adequada para que uma metapopulação de espécies que habitam os corredores possa deslocar-se na paisagem ao longo de várias gerações;*

- *Proteção contra os efeitos de borda, tais como animais domésticos, raios, ruído, predação e parasitismo dos ninhos e espécies invasoras;*

- *Permitir que animais e plantas expandam a sua área de distribuição para um bloco florestal adjacente através de uma ligação individual durante períodos de tempo relativamente curtos (1-2 décadas);*

- *Permitir que as espécies alterem a sua área de distribuição geográfica em centenas de quilómetros ao longo de várias décadas através da rede de núcleos*[4] *e ligações*" (Penrod et al., 2012)

Uma vez que estes objectivos são coerentes com a conetividade ecológica, constituem um exemplo do que poderia ser incorporado nas diretrizes das agências de áreas selvagens para a identificação de áreas selvagens e para a escolha dos seus limites.

Além disso, os mapas que descrevem os resultados da conetividade para as três espécies do deserto anteriormente discutidas e outras podem ser encontrados no CDCP. A Figura 7: LeastCost, Multi-Species Connections apresenta um mapa do projeto que sintetiza os corredores de menor custo para cada uma das espécies nas Áreas de Planeamento de Ligação, identificando as ligações ecológicas que proporcionariam os benefícios de maior alcance. As ligações cobrem mais de 2 milhões de acres e contêm

4 Os "núcleos" referem-se a zonas de habitat primárias ou nucleares para uma espécie.

diversas áreas geográficas, de elevação e de vegetação (Penrod et al., 2012). Outro mapa produzido pelo estudo, incluído aqui como Figura 8: Ligações de menor custo para as alterações climáticas, incorpora caraterísticas do terreno que serviriam as espécies em condições climáticas variáveis. Estes corredores de "facetas terrestres" fornecem conetividade de caraterísticas terrestres permanentes que irão interagir com as condições climáticas futuras para apoiar habitats futuros (por exemplo, planícies ensolaradas ou encostas íngremes viradas a norte) (Penrod et al., 2012).

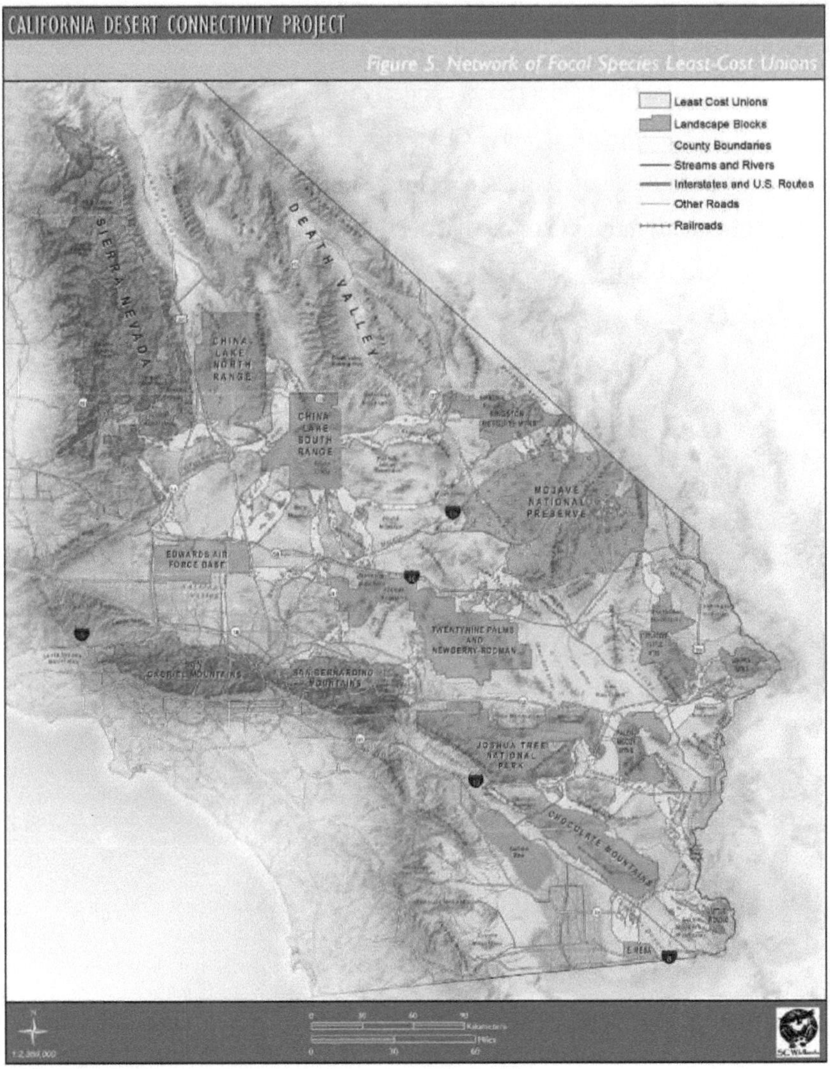

Figura 7: Ligações multi-espécies de menor custo

Fonte: Penrod et al., 2012

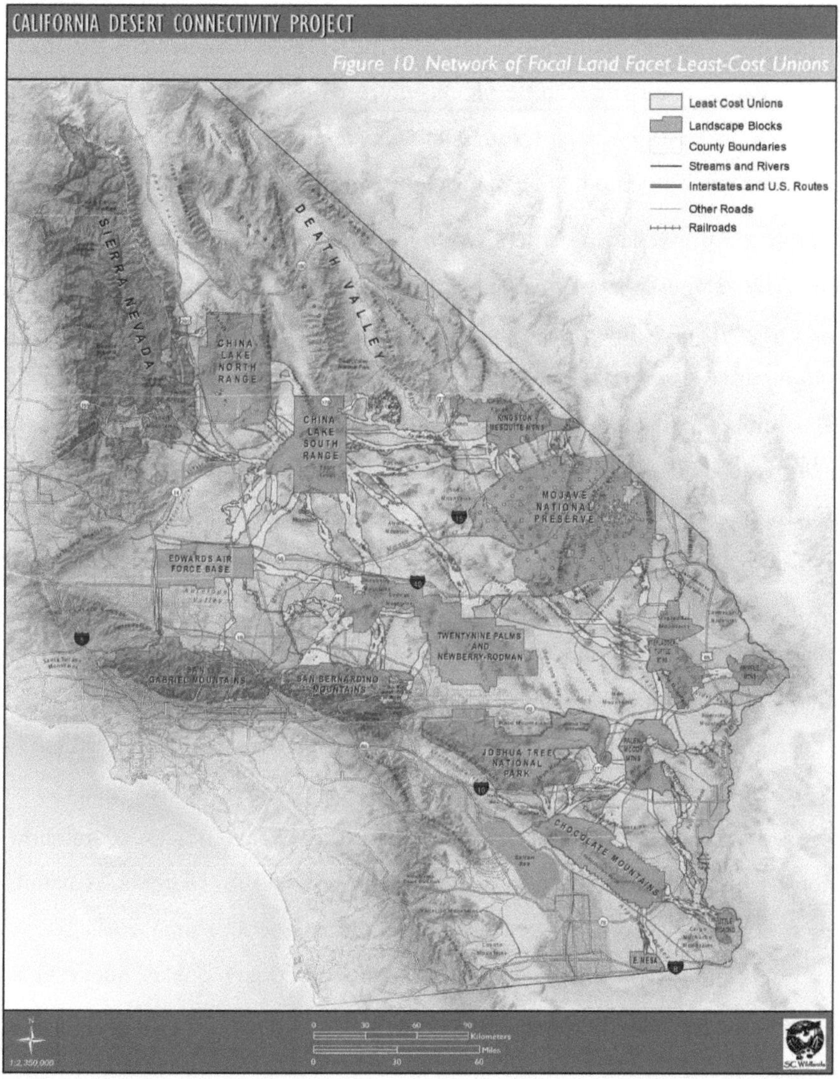

Figura 8: Ligações de menor custo para as alterações climáticas

Fonte: Penrod et al., 2012

Com algumas exclusões, as ligações ecológicas identificadas no CDCP ainda não estão repletas de muitas barreiras, tais como desenvolvimentos, estradas, canais de água e linhas ferroviárias (Penrod et al., 2012). No entanto, algumas barreiras existentes já inibem o movimento da vida selvagem dentro de muitas das ligações identificadas, o que significa que o desenvolvimento futuro pode restringir severamente o movimento da vida selvagem e a distribuição de plantas entre os blocos ligados (Penrod el al., 2012). Embora o CDCP seja uma ferramenta valiosa para os planeadores da natureza selvagem, o desenvolvimento novo e planeado terá de ser considerado.

5.2 Desafios à Aplicação da Conectividade Ecológica ao Planeamento de Áreas Selvagens O Wilderness Act afirma que as áreas selvagens "devem ser administradas para o uso e gozo do povo americano". Como tal, o NWPS foi concebido para assegurar a proteção de áreas com potencial estético e recreativo, em vez de áreas com maior potencial de biodiversidade (Glicksman, 2014). Por conseguinte, a linguagem atual da lei e a interpretação histórica da mesma pelas agências de administração não permitem que a conetividade ecológica ou outros conceitos de conservação da biodiversidade funcionem como critérios de orientação no planeamento das zonas selvagens. No entanto, é possível argumentar que a estética natural da natureza selvagem, juntamente com as oportunidades de solidão e de recreio primitivo, não existiria sem comunidades vivas naturais. Por exemplo, a estética e a solidão que a natureza selvagem proporciona não são apenas o resultado de uma geografia inspiradora, mas também o resultado de se estar entre outros organismos vivos e selvagens. Sem a interação da vegetação e da vida selvagem com a paisagem natural, a natureza selvagem não continuaria a proporcionar o tipo de recreio para o qual a Wilderness Act foi redigida. A natureza selvagem e a conservação ecológica devem ser tratadas como uma coisa só, para melhor servir tanto os objectivos da Wilderness Act como aqueles que esta não conseguiu atingir (por exemplo, a saúde ecológica).

Um desafio na incorporação de qualquer tipo de ferramenta de planeamento de base ecológica no processo de identificação de áreas selvagens é o facto de a Wilderness Act ter sido implementada há mais de 50 anos. Cada uma das quatro agências administradoras elaborou e reformulou normas e procedimentos que são utilizados para inventariar e avaliar as suas terras para a existência de áreas selvagens, de acordo com a Wilderness Act, mas também em consonância com os seus objectivos gerais e outros estatutos. Uma alteração à Wilderness Act para incluir a conetividade ecológica na definição de natureza selvagem seria um processo moroso, e interesses concorrentes poderiam resultar num fracasso. Por conseguinte, poderá ser mais eficaz que os processos de identificação da natureza selvagem de cada agência atribuam uma importância mais elevada ao quarto elemento das caraterísticas da natureza selvagem: "pode também conter caraterísticas ecológicas, geológicas ou outras de valor científico, educativo, paisagístico ou histórico" (Wilderness Act, 1964). Este "valor importante" é um critério opcional, tanto tal como definido na Wilderness Act como nos manuais e procedimentos das agências responsáveis pela identificação de zonas selvagens. As agências poderiam rever os seus processos internos de modo a utilizar este critério opcional como uma prioridade, orientando a conetividade ecológica para uma condição desejada que cumpra o objetivo do "valor importante".

Além disso, nem todos os planeadores da conservação concordam que a conetividade ecológica é essencial para toda a vida. Confiar apenas em corredores identificados para tipos de habitat específicos pode causar desafios, uma vez que a conetividade para certas espécies é frequentemente mantida em paisagens naturalmente irregulares e em mudança (Vimal et al., 2012). No entanto, como discutido anteriormente, foi demonstrado que as ligações ecológicas afectam positivamente a diversidade genética de muitas espécies de plantas, insectos e animais; por conseguinte, as ligações entre habitats são vitais para a sustentabilidade de muitas espécies sensíveis. Além disso, alguns argumentaram que as redes ecológicas podem não fornecer soluções para a fragmentação do habitat se as manchas de habitat que estão a ser ligadas forem demasiado pequenas para começar (Vimal et al., 2012). Este facto deve ser cuidadosamente considerado na fase de planeamento e ao traçar os limites das ligações preservadas.

Outro desafio à incorporação da conetividade ecológica no planeamento de áreas selvagens é o facto de muitos corredores ecológicos importantes já terem sido urbanizados ou degradados por utilizações humanas. Alguns argumentam que a conservação deve concentrar-se em encontrar métodos para proteger e promover a biodiversidade nas paisagens urbanas que rodeiam e atravessam as terras conservadas, em vez de tentar encontrar ligações para designar como terras preservadas (Vimal et al., 2012). As soluções poderiam passar pela incorporação de protecções ecológicas na política de utilização dos solos, em vez de concentrar esforços na ampliação das reservas. No entanto, esta ideia continua a reconhecer a importância da conetividade ecológica no planeamento da conservação, indo um passo mais longe do que incluí-la no planeamento dos limites das reservas. Talvez o enfoque no conceito de conetividade ecológica no planeamento da conservação reforce a distinção a preto e branco entre o mundo humano e a natureza, o que é um efeito indesejado (Vimal et al., 2012). Ultrapassar os limites das áreas protegidas para incluir ligações ecológicas no planeamento de ambientes urbanos e de reservas poderia promover a conservação da biodiversidade e promover a sociedade a ver o mundo humano e a natureza como um conceito congruente (Vimal et al., 2012).

5.3 Esforços adicionais de conservação do deserto

Estão em curso muitos esforços de planeamento da conservação do deserto, incluindo o Plano da Área de Conservação do Deserto da Califórnia, o Plano de Recuperação da Tartaruga do Deserto e os Planos de Mojave, bem como o CDCP e o DRECP anteriormente discutidos. Estes planos e programas incluem as suas próprias estratégias de conservação do deserto, que podem ou não estar diretamente alinhadas com os futuros esforços dos planeadores de áreas selvagens. Além disso, nem todos utilizam a conetividade ecológica como objetivo principal de conservação. No entanto, cada uma das agências de proteção da natureza selvagem tem estado envolvida, de alguma forma, em muitos esforços de conservação e/ou recuperação do deserto na Califórnia, e os esforços não têm necessariamente de estar desligados. Em particular, o DRECP, um programa para planear as necessidades de energia renovável da Califórnia, centra-se na conservação da biodiversidade única da região desértica da Califórnia. O DRECP exclui as WSAs de áreas selvagens das licenças de autorização de uso da terra para desenvolvimento de energia renovável. Apesar de isto não ser necessariamente um passo em frente, uma vez que as terras da NWPS estão intrinsecamente protegidas de tais autorizações de desenvolvimento ao abrigo da Wilderness Act, não deixa de ser um importante sinal no sentido da preservação da natureza selvagem num documento de planeamento de energias renováveis a nível estatal.

O DRECP apresenta uma estratégia de conservação que visa acrescentar entre 1,6 e 5,3 milhões de acres de terras BLM ao Sistema Nacional de Conservação de Paisagens, protegendo simultaneamente mais 2,7 a 3,6 milhões de acres de terras BLM (California Energy Commission et al., 2014). Embora isto não constitua necessariamente um desafio para o planeamento de áreas selvagens, não designa qualquer nova área selvagem. No entanto, poderia proporcionar benefícios de conetividade ecológica para o NWPS, oferecendo alguma forma de proteção a terras adicionais que são adjacentes ou se ligam a áreas selvagens. Também oferece proteção a terras adicionais que podem, no futuro, ser incluídas como terras selvagens pelo BLM. Além disso, como parte dos esforços de planeamento do DRECP, as terras BLM não selvagens com caraterísticas selvagens que poderiam ser afectadas pela energia renovável ou outro desenvolvimento facilitado pelo DRECP foram inventariadas em 2012 e 2014 através do Manual BLM 6310.

De acordo com o DRECP, a alternativa preferida implementaria planos de gestão para proteger quase 300.000 acres de terras com caraterísticas de natureza selvagem. Este número é bastante pequeno em comparação com o total de terras federais incluídas na

A área de planeamento do DRECP, uma vez que o BLM administra um total de aproximadamente 9,9 milhões de acres de terras abrangidas pelo DRECP (California Energy Commission et al., 2014). No entanto, os esforços do BLM e de outras agências para conservar os recursos naturais na região desértica da Califórnia, facilitando simultaneamente o desenvolvimento de energias renováveis, não contradizem as recomendações deste documento. A utilização de conceitos de conetividade ecológica no planeamento de áreas selvagens para promover a avaliação de WSAs pelo BLM e a identificação de novas áreas selvagens pode ser implementada de forma congruente, tornando-se parte de um esforço interdisciplinar para conservar a região utilizando vários estatutos de proteção e políticas de conservação.

CONCLUSÃO E RECOMENDAÇÕES

Mais de um quarto da terra nos EUA é propriedade federal, e existem grandes oportunidades para manter e proteger a biodiversidade nas terras federais do oeste dos EUA (Dickson et al., 2014). No entanto, apenas 12% da área terrestre do país é gerida principalmente para a conservação da biodiversidade - muito abaixo do que é necessário para garantir a biodiversidade regional em todo o território dos EUA (Dickson et al., 2014). O NWPS, um sistema de preservação maduro, mas em crescimento, com o mais alto nível de proteção oferecido nos EUA, pode responder melhor a esta necessidade, incorporando conceitos que mantêm as ligações ecológicas. Nos 50 anos desde que o Wilderness Act foi promulgado, os EUA registaram um nível de fragmentação sem precedentes das suas paisagens naturais (Vimal et al., 2012). Em particular, a função ecológica e a biodiversidade na região desértica da Califórnia têm sido cada vez mais afectadas em resultado da expansão dos usos urbanos, da agricultura e do desenvolvimento energético e dos transportes.

Para garantir a persistência de espécies vegetais e selvagens na região desértica da Califórnia, os sistemas de preservação existentes devem ser aumentados. O NWPS já oferece o estatuto de preservação de terras mais elevado do país, proporcionando proteção contra utilizações extractivas da terra e permitindo a existência de processos naturais sem intervenção humana. As bacias hidrográficas naturais, as bacias aéreas e o habitat crítico são alguns dos muitos benefícios que a natureza selvagem proporciona. O NWPS, um sistema com meio século de existência, pode ser aumentado para apoiar ainda mais a conservação da biodiversidade na região desértica da Califórnia, face à crescente invasão urbana e às alterações climáticas. O impulso ao desenvolvimento de infra-estruturas de energia renovável na região desértica da Califórnia também exige esforços adicionais no planeamento da natureza selvagem para garantir que os objectivos de conservação e de energia renovável possam ser cumpridos.

A presença de conetividade ecológica nos habitats preservados tem efeitos positivos na diversidade genética, distribuição/dispersão e persistência das populações das espécies. Além disso, as ligações ecológicas entre os NWPS permitirão a persistência das espécies a longo prazo, uma vez que as alterações climáticas alteram a disponibilidade e a localização geográfica do habitat adequado. As espécies ameaçadas e em perigo de extinção, como o carneiro do deserto , a tartaruga do deserto e o esquilo terrestre de Mohave, sofreram um declínio populacional devido, em grande parte, à fragmentação crescente dos habitats e ao isolamento daí resultante. Ao integrar a conetividade ecológica no processo de identificação de áreas selvagens, o NWPS estaria em melhor posição para continuar a proteger os seus recursos nos próximos anos. Cada uma das agências responsáveis pelas áreas selvagens deve avaliar as potenciais áreas selvagens, incluindo o local onde são traçados os limites das novas áreas selvagens. Se for incluída no processo de definição e identificação de áreas selvagens do BLM, a NWPS tornar-se-ia um instrumento importante para preservar a biodiversidade e a função do ecossistema da região desértica da Califórnia.

Para incorporar a conetividade ecológica no processo de planeamento de novas áreas selvagens, as agências teriam de incluir o conceito nas suas definições de natureza selvagem e na definição dos limites da natureza selvagem. A nova legislação destinada a introduzir um requisito geral e não específico de conetividade ecológica no planeamento das zonas selvagens poderia ser redigida de forma semelhante e genérica à da própria Wilderness Act, permitindo assim uma interpretação ampla por parte das agências. Embora a linguagem geral escrita na lei possa dar origem a diferenças na aplicação, permitiria que os organismos responsáveis pela natureza selvagem continuassem a interpretar o planeamento legal da natureza selvagem caso a caso. Permitiria igualmente efetuar avaliações específicas dos sítios, permitindo que cada agência determinasse os melhores métodos de acordo com a região.

O BLM é o maior gestor federal de terras na região desértica da Califórnia; por conseguinte, o BLM tem amplas oportunidades de expandir o sistema de terras selvagens na região, tendo em conta os objectivos ecológicos. O Manual 6310 do BLM deve ser atualizado de modo a incluir o novo critério de elegibilidade da natureza selvagem para a conetividade ecológica. Isto permitiria a utilização do conceito nos processos de planeamento de áreas selvagens do BLM sem necessidade de legislação adicional. No entanto, um TAC - como já foi discutido anteriormente - composto por representantes de cada agência responsável pela natureza selvagem ajudaria a racionalizar os processos actualizados de planeamento da natureza selvagem, permitindo que o NWPS fosse reforçado como um todo. As novas fronteiras de áreas selvagens podem incorporar ligações ecológicas que beneficiem áreas de elevada migração de espécies e fluxo genético, corredores ripícolas ou de cursos de água e outras caraterísticas biológicas ou físicas específicas do local (Spencer et al., 2010). Os esforços existentes, como o CDCP, podem ser utilizados por agências de áreas selvagens na região desértica da Califórnia, poupando os recursos necessários para efetuar internamente estudos de ligação semelhantes.

Para terminar, os desertos da Califórnia albergam algumas das espécies de plantas e animais selvagens mais singulares do país, que desempenham um papel inestimável nos ecossistemas tranquilos e complexos do deserto. Embora existam muitos estatutos de conservação de terras privadas e públicas na região, o NWPS - um sistema de preservação bem estabelecido com protecções rigorosas a nível federal - é o mais preparado para manter as espécies encontradas nos desertos da Califórnia durante décadas e séculos. Para melhor se preparar para esta situação, o planeamento da natureza selvagem deve incorporar conceitos de conetividade ecológica, a fim de proporcionar uma abordagem integrada da natureza selvagem que esteja em conformidade com os valores de "usufruto humano" da Lei de 1964 e com as necessidades de sobrevivência a longo prazo das espécies do deserto.

REFERÊNCIAS

Araújo, M. B., Cabeza, M., Thuiller, W., Hannah, L., & Williams, P. H. (2004). Would climate change drive species out of reserves? Uma avaliação dos métodos de seleção de reservas existentes. Global Change Biology, 10(9), 1618-1626.

http://doi.org/10.1111/j.1365-2486.2004.00828.x

Averill-Murray, R., Darst, C. R., Field, K. J., & Allison, L. J. (2012). Uma nova abordagem para a conservação da tartaruga do deserto de Mojave. BioScience, 62(10), 893-899.

Averill-Murray, R. C., Darst, C. R., Strout, N., & Wong, M. (2013). Conservação de ligações populacionais para a tartaruga do deserto de Mojave (Gopherus Agassizii).

Herpetological Conservation and Biology, 8(abril), 1-15.

Baranyi, G., Saura, S., Podani, J., & Jordân, F. (2011). Contribuição das manchas de habitat para a conetividade da rede: Redundância e singularidade dos índices topológicos. Indicadores Ecológicos, 11(5), 1301-1310.

doi:10.1016/j.ecolind.2011.02.003

Bell, K. C., & Matocq, M. D. (2011). Subdivisão genética regional no esquilo terrestre de Mohave: Evidência de isolamento histórico e conetividade contínua numa endémica do deserto de Mojave. Animal Conservation, 14(4), 371-381.

http://doi.org/10.1111/j.1469-1795.2011.00435.x

BLM. (2015). Downloads de dados geoespaciais. Recuperado de http://www.blm.gov/ca/gis/.

BLM. (2012a) 6301 - Conducting Wilderness Characteristics Inventory on BLM Lands. Versão 6-129.

BLM. (2012b) 6320 Manual - Considering Lands with Wilderness Characteristics in the BLM Land Use Planning Process. Versão 6-130.

BLM. Terras de Conservação Nacional. Sítio Web. (2015). Recuperado de http://www.blm.gov/wo/st/en/prog/blm_special_areas/NLCS.html.

Burns, C. E., Johnston, K. M., & Schmitz, O. J. (2003). Global climate change and mammalian species diversity in US national parks (Alterações climáticas globais e diversidade de espécies de mamíferos nos parques nacionais dos EUA). Proceedings of the National Academy of Sciences of the United States of America, 100(20), 11474-11477. http://doi.org/10.1073/pnas.1635115100

Lei de Conservação e Recreação do Deserto da Califórnia. (2015). Obtido de http://www.feinstein.senate.gov/public/index.cfm/files/serve/?File_id=8ca1f771-c79c-471b-9c57-e8b26bd32a35.

Lei da Califórnia sobre a energia e a poluição atmosférica. Projeto de lei do Senado 350. (2015)

Comissão de Energia da Califórnia. (2015). Projeto de relatório integrado de política energética.

Número de registo 15-IEPR-01. Obtido de http://docketpublic.energy.ca.gov/PublicDocuments/15-IEPR-01/TN206330_20151012T134153_2015_Draft_Integrated_Energy_Policy_Report.pdf.

Comissão de Energia da Califórnia, Departamento de Peixes e Vida Selvagem da Califórnia, BLM, USFWS. (2014) Projeto de Plano de Conservação das Energias Renováveis do Deserto e Relatório de Impacto Ambiental/Declaração de Impacto Ambiental. Obtido em http://www.drecp.org/draftdrecp/.

Campbell, P. N. (2001). Status of Science: On Questions that Relate to BLM Plan Amendment Decisions and Peninsular Ranges Bighorn Sheep.

CPUC. (2015) California Renewables Portfolio Standard. Online. http://www.cpuc.ca.gov/PUC/energy/Renewables/index.htm. Site acedido em 18 de setembro de 2015.

Creech, T. G., Epps, C. W., Monello, R. J., & Wehausen, J. D. (2014). Usando a teoria da rede para priorizar o gerenciamento em uma metapopulação de ovelhas selvagens do deserto. Landscape Ecology, 29(4), 605-619. http://doi.org/10.1007/s10980-014-0016-0

Dickson, B. G., Zachmann, L. J., & Albano, C. M. (2014). Identificação sistemática de áreas prioritárias de conservação potencial em terras do Bureau of Land Management sem estradas em o oeste dos Estados Unidos. Biological Conservation, 178, 117-127. doi:10.1016/j.biocon.2014.08.001

Dietz, M. S., Belote, R. T., Aplet, G. H., & Aycrigg, J. L. (2015). A maior rede de proteção da natureza selvagem do mundo após 50 anos: Uma avaliação da representação do sistema ecológico no Sistema Nacional de Preservação da Natureza Selvagem dos EUA.

Biological Conservation, 184, 431-438.

http://doi.org/10.1016/j.biocon.2015.02.024

Epps, C. W., McCullough, D. R., Wehausen, J. D., Bleich, V. C., & Rechel, J. L. (2004). Effects of climate change on population persistence of desert-dwelling mountain sheep in California. Conservation Biology, 18(1), 102-113.

Garfin, G., & National Climate Assessment, U. (2013). Avaliação das alterações climáticas no sudoeste dos Estados Unidos: Um relatório preparado para a Avaliação Nacional do Clima. Washington, D.C.: NCA Regional Input Reports.

Glicksman, R. L. (2014). Gestão da natureza selvagem pelas agências de uso múltiplo: O que torna o Serviço Florestal e o Bureau of Land Management diferentes? Environmental Law, 44(447), 448-495.

Gorte, R. W. (2011). Wilderness Laws: Statutory Provisions and Prohibited and Permitted Uses, 1-86. http://www.backcountryhorse.com/pdffiles/Wildemess Laws-Statutory Provisions and Prohibited and Permitted Uses.pdf

Gorte, R. W., & Baldwin, P. (2004). Congressional Research Report RS21917 Bureau of Land Management Wilderness Review.

Gorte, R. W., Vincent, C. H., Humphries, M., & Baldwin, P. (2006). Congressional

Research Report RL33596 Federal Lands Managed by the Bureau of Land Management and the Forest Service [Terras Federais Geridas pelo Gabinete de Gestão do Território e pelo Serviço Florestal].

Hole, D. G., Willis, S. G., Pain, D. J., Fishpool, L. D., Butchart, S. H. M., Collingham, Y. C., Rahbek, C., Huntley, B. (2009). Impactos projectados das alterações climáticas numa rede de áreas protegidas à escala continental. Ecology Letters, 12, 420-431. http://doi.org/10.1111/j.1461-0248.2009.01297.x

Jones, L. S. (n.d.). (2013) The Problem with the Bureau of Land Management's Delegation of Wildlife Management in Wilderness [O Problema da Delegação da Gestão da Vida Selvagem na Natureza]. Georgia Law Review, 47(1281), 1281 - 1318.

Kostyack, J., Lawler, J. J., Goble, D. D., Olden, J. D., & Scott, J. M. (2011). Para além de reservas e corredores: Policy Solutions to Facilitate the Movement of Plants and Animals in a Changing Climate. BioScience, 61(9), 713-719. http://doi.org/10.1525/bio.2011.61.9.10

Leroux SJ, Rayfield B. Methods and tools for addressing natural disturbance dynamics in conservation planning for wilderness areas. Divers. Distrib. 2014. doi:10.1111/ddi.12155.

Longshore, K., & Thompson, D. B. (2013). Detectando respostas de curto prazo à atividade recreativa de fim de semana: Ovelhas selvagens do deserto evitando trilhas para caminhadas.

Wildlife Society Bulletin, 37(4), 698-706. http://doi.org/10.1002/wsb.349

Lovich, J. E., & Ennen, J. R. (2011). Wildlife Conservation and Solar Energy Development in the Desert Southwest, United States (Conservação da vida selvagem e desenvolvimento da energia solar no deserto do sudoeste dos Estados Unidos). BioScience, 61(12), 982992.

Martinuzzi, S., Radeloff, V. C., Joppa, L. N., Hamilton, C. M., Helmers, D. P., Plantinga, A. J., & Lewis, D. J. (2015). Cenários de futuras mudanças no uso da terra em torno das áreas protegidas dos Estados Unidos. Biological Conservation.

http://doi.org/10.1016/j.biocon.2015.02.015

Lei de utilização múltipla e rendimento sustentado de 1960. 16 U.S.C. 528-531. (2015)

NPS. Ac Orgânica (1916). 16 U.S.C. 1-18. (2015)

NPS. Sobre nós. Departamento do Interior dos EUA. (2015a) Recuperado de http://www.nps.gov/aboutus/index.htm.

NPS. (2006) Referências a requisitos mínimos na política do Serviço Nacional de Parques. Obtido de

Https://www.wilderness.net/MRDG/documents/MRDG_NPS_wilderness_policy.p df.

NPS. (2013) Reference Manual #41.

https://wilderness.nps.gov/celebrate/Section_Three/ReferenceManual41.doc. Site acedido em 20 de setembro de 2015.

Penrod, K. L., Beier, P., Garding, E., & Cabanero, C. (2012). Uma rede de ligação para os desertos da Califórnia. Obtido de

http://www.scwildlands.org/reports/ALinkageNetworkForTheCaliforniaDeserts.pd f.

Lei Pública 95-550. 1980. 96º Congresso. (2015)

Sarkar, S. (1999). Wilderness preservation and biodiversity conservation - keeping divergent goals distinct. BioScience, 49(5).

Saura, S., & Pascual-Hortal, L. (2007). Um novo índice de disponibilidade de habitat para integrar a conetividade no planeamento da conservação da paisagem: Comparação com índices existentes e aplicação a um estudo de caso. Landscape and Urban Planning, 83(2-3), 91-103. doi:10.1016/j.landurbplan.2007.03.005

Spencer, W.D., P. Beier, K. Penrod, K. Winters, C. Paulman, H. Rustigian-

Romsos, J. Strittholt, M. Parisi, e A. Pettler. (2010). Projeto de Conectividade de Habitats Essenciais da Califórnia: Uma estratégia para conservar uma Califórnia conectada. Preparado para o Departamento de Transportes da Califórnia,

Departamento de Pesca e Caça da Califórnia e Administração Federal de Auto-estradas".

Tewksbury, J. J., Levey, D. J., Haddad, N. M., Sargent, S., Orrock, J. L., Weldon, A., Townsend, P. (2002). Os corredores afectam as plantas, os animais e as suas interações em paisagens fragmentadas. Proceedings of the National Academy of Sciences of the United States of America, 99(20), 12923-12926. doi:10.1073/pnas.202242699

Senadora norte-americana Dianne Feinstein. (2015). Lei de Conservação e Recreação do Deserto da Califórnia: Uma abordagem equilibrada para proteger a terra e gerir os recursos do deserto da Califórnia. Obtido de

http://www.feinstein.senate.gov/public/index.cfm/files/serve/?File_id=2f8df0b5-8758-4f79-8f7d-07043763aa50.

USDA, USFS, Estação de Investigação das Montanhas Rochosas. (2005). Conditions Related to Wilderness Character: A National Framework. Vida Selvagem Nacional. Relatório técnico geral RMRS-GTR-151.

USFS. (2007). Capítulo 2320 Gestão da Natureza Selvagem. FSM 2320 Recreation, Wilderness, and Related Resource Management. Manual do Serviço Florestal.

USFS. (2008). Wilderness Character e Wilderness Characteristics. Obtido de

https://www.wilderness.net/NWPS/documents/FS/FS_Wilderness_Character_Characteristics.pdf.

USDA. (2015). Corridors and Connectivity (Corredores e Conectividade). Recuperado de http://nac.unl.edu/buffers/guidelines/2_biodiversity/3.html.

USFS. (2014) U.S. Forest Service National Minimum Protocol for Monitoring Outstanding Opportunities for Solitude (Protocolo Mínimo Nacional do Serviço Florestal dos EUA para Monitorização de Oportunidades Excepcionais de Solidão). Obtido de

https://www.google.com/search?client=safari&rls=en&q=U.S.+Forest+Service+National+Minimum+Protocol+for+Monitoring+Outstanding+Opportunities+for+Sol

itude.&ie=UTF-8&oe=UTF-8.

USFWS. (2008) 610 FW 4, Wilderness Review and Evaluation, Fish and Wildlife Service Manual. Obtido em https://www.fws.gove/policy/610fw4.html.

USFWS. Sistema Nacional de Refúgio de Vida Selvagem. (2014.) Recuperado de http://www.fws.gov/refuges/about/index.html.

USFWS. Wilderness. (2015). Recuperado de http://www.fws.gov/refuges/whm/wilderness.html.

Vimal, R., Mathevet, R., & Thompson, J. D. (2012). A paisagem em mudança das redes ecológicas. Journal for Nature Conservation, 20(1), 49-55.

doi:10.1016/j.jnc.2011.08.001

Wilderness Act de 1964. 16 U.S.C. 1131-1136. (2015)

Wilderness Institute da Universidade de Montana, Arthur Carhart National Wilderness Training Center, Aldo Leopold Wilderness Research Institute. (2015) Wilderness.net. Recuperado de wilderenss.net.

Natureza selvagem. Serviço Nacional de Parques. Departamento do Interior dos EUA. (2015b)

Obtido em http://wilderness.nps.gov/faqnew.cfm..

Williams, G. W. (2005). O Serviço Florestal do USDA: O Primeiro Século. Recuperado de

http://www.fs.fed.us/sites/default/files/media/2015/06/The_USDA_Forest_Service _TheFirstCentury.pdf.

Zellmer, S. B. (2014). Gestão da natureza selvagem em parques nacionais e vida selvagem

Refúgios. Direito do Ambiente, 44(497).

MIX
Papier aus verantwortungsvollen Quellen
Paper from responsible sources
FSC® C105338

Printed by Books on Demand GmbH, Norderstedt / Germany